コンピュータのひみつ

朝日出版社

山本貴光

コンピュータ　の　ひみつ

山本貴光

朝日出版社

私たちは機械に囲まれ、働くのも遊ぶのも、なんでも機械のお世話になっている。
でも、私たちは機械の本質や欠陥について、なにを知っているだろう？［……］
機械を理解し、いままでと違ったやり方で機械を働かせよう。
機械そのものを使って、機械のやり方で、芸術作品をこしらえよう。

ブルーノ・ムナーリ「機械主義宣言」、岩崎清・編著『ブルーノ・ムナーリ：アートとあそぼう』
（日本ブルーノ・ムナーリ協会、二〇〇六年）所収。一部抜粋・改変。

もくじ

③ コンピュータはなぜいろんなことができるか　071

⑥ 補講 インターネットとメールの仕組み 261

① コンピュータがわかる、とは？

はじめに

こんにちは。これから4日間、コンピュータについてお話しします。みなさんとのやりとりを通じて、コンピュータってなんなのか、イメージを深めてもらえるといいなと思っています。でも、この講義はプログラマー養成講座ではないし、パソコンをはじめて使う人に向けた実用訓練でもない。うんと極端に言うと、「コンピュータ」という英語由来の言葉をどんな日本語にしたらよいのか、ということを一緒に考えてみたいのです。だんだんわかってきますが、これが大切な鍵です。

私は小学生のときにパソコンに出会って以来（思えばもう四半世紀以上前のことです！）、プログラムをしたり、ゲームをしたり、パソコンを自作したりしながら、いろんな使い方をしてきました。１９９０年代はじめに大学でインターネット環境に触れて、卒業後はコーエーというゲーム会社で、10年ほど、パソコンや各種ゲーム機用に、プログラミングや企画の仕事をしました。目下は、もの書きをするかたわら、専門学校でゲーム制作やコンピュータについて教えています。

そんなわけで、コンピュータについては、使う、作る、教えるなど、およそ一通りの経験をしてきたつもりです。そこで、今回は僭越《せんえつ》ながらそうした経験を踏まえて、コンピュータについてお話しさせていただこうというわけです。

さて、第1回の今日は、6つの問いを持ってきました。これをひとつずつ検討しながら、みなさんがこの問いに触れてなにを思うか、訊《き》いてみたいと思います。それを手がかりにして、「それはこういうことだね」とか、「いや、そうではないんだよ」と、みなさんに考えてもらうことが狙《ねら》いです。ただ知識を得るのではなくて、考えること。ただし、このとき、あくまでも自分の実感から出発することがなによりも大切。

なぜそんなことを言うのか、ひとつ失敗談を話しましょう。私は、高校生や大学生の頃、大人にコンピュータの仕組みや使い方をレクチャーしたことがありました。そのときは、わかってもらうってどういうことか、なんてちっとも考えずに臨《のぞ》んだものだから、「CPUというのは中央処理装置《ちゅうおうしょりそうち》といって、コンピュータの心臓部で……」というところから話を始めたんです（笑）。

要するに、一番根っこの原理さえわかれば全部わかると思い込んでいた。だから、ともかく「ここがツボだ」と基本原理を提示したのですね。そんなふうにして、「コンピュータの仕組みはこうなっています」という話をしたのだけれど、これはまず通じませんでした。全然わかってもらえなかったと思います。説明を受けた人は、20代、

30代から50代までいたけれど、「ううむ、難しいですね」と言われてしまった。

いまにして思えば当然です。これって、すでにわかってる人目線の説明なんです。自分がすでにわかっていることのエッセンスだけを初心者に伝えるというのは、一見効率がよさそうですが、実はとても難しいことです。例えば、高校の物理で、「この公式覚えておけよ」というのに似ています。受験の問題を解くにはそれで事足りる。でも、物理現象を理解しようと思ったら、その公式がどういう試行錯誤で発見されたかという過程とか意味を自分の頭で考えることこそが大事なんですね。

デジタル世代でもわからない

他方で、後に専門学校で教えることになって、今度は生まれたときからデジタル環境に囲まれている世代と接することになりました。そこで面白いことに気付きました。彼らは彼らでわかってないことが多いのです。確かに個々のツールは使いこなせる。でも、だからといってコンピュータの中がどうなっているかはわからないんですね。それで、「コンピュータ概論」なんて講義で教えるわけですが、やはり中身の深い話になると、脱落する人が少なくありません。もっとも、いろんな道具と同じで、使うだけなら、中身がわからなくても使えるわけですが。

でも、コンピュータでゲームを作ろうと思ったら、ある程度は仕組みがわからないとダメです。自分たちの商売道具のことがわからないのでは活用も覚束《おぼつか》ない。ハードウエアの特性がわからないと使いこなせません。それで、いい教科書はないかなとだいぶ探しました。ところが、コンピュータの「中身」を理解するのにちょうどいい本がなかなか見つからない。なぜだろうということも含めて、これはちゃんと考えなければ、と思いました。

そんなわけで、私にしてみればコンピュータを教える再チャレンジになるわけですが、同じ轍《てつ》を踏まないためにも、みなさんには実感を手放さないようにお願いします。もし手が離れそうになったときはすぐ言ってください。「いま説明されていることはわかるけど、私のコンピュータの実感とはつながらないぞ」という瞬間があったら、私の話を遮《さえぎ》ってくれて構いません。というのも、そこを勝手に離陸していってしまうことが、わからなくなってしまう原因だと思うからです。

さて、前置きはこのくらいでおしまい。まずはじめに、みなさんがコンピュータに対してどんな印象を懐《いだ》いているか、どんなふうにコンピュータがわからないのかを確かめておきましょう。あるいは、みなさんの身の回りで、「あの人はコンピュータがわかってるな」という人がいるとしたら、どうしてそう感じるのかを教えてください。それを手がかりにして、「果たして自分がどういう状態になったら『コンピュータがわかった！』と言えるのか」というイメージを共有するのが狙いです。これは、たいていのコンピュータ入門書が素通りしてしまう問いでもあります。でも、こういう下ごしらえこそが大事です。だから、少し回りくどいけど、付き合ってくれるとうれしい。

コンピュータと、どう付き合ってる？

では、どうするか。3つの具体的な問いで考えてみましょう。

ひとつ目は、「コンピュータとどう付き合ってる？」という、とても単純で素朴《そぼく》な問い。

職業にもよるけれど、いまやコンピュータなしには仕事も覚束ない時代ですね。実際ケータイも含めて身の回りにコンピュータが溢《あふ》れてる。

みなさんは、1日の中でコンピュータをどんなふうに使っていますか。あるいは、コンピュータに対してなにか特別な感情を懐いたりしていますか。本当に地べたの実感のレベルで話を聞きたいと思います。どうですか。コンピュータとはとても親密な関係？

――1日中、パソコンをずっと立ち上げてる状態です。それで、ときどき不可解な動きをします（笑）。理由がよくわからないのに、止まってしまったり、日本語入力できなくなったり。たぶん私がなにかヘンな操作をしてしまったんだと思うんですけど。

なるほど。それは結構頻繁《ひんぱん》ですか。それとも、ときどき思い出したように？

――小さい問題は2日に1回とか、そういうペースで起きていると思います。

それは困りますね。では、結構付き合いづらい相手ですか。

――ときどき機嫌が悪くなるという感じです。

機嫌を損《そこ》ねている。なるほど。

「機嫌」というのは大事かもしれない。要するに、ブラックボックスというわけですね。外からしか見えなくて、中でなにが起きているのかわからない。「え、いま私、どの地雷を踏んじゃったの？」みたいな感覚ですね。

① コンピュータとどう付き合っている？

② コンピュータが「わかる」とは どういうこと？

③ 入門書を読めば コンピュータがわかる？

「機嫌」といえば、かつてMacにまつわる冗談がありました。恋人といちゃついているとMacのご機嫌を損ねてしまうとか(笑)。しかも、最近はあまり見かけなくなったけれど、昔のMacは動かなくなりそうになると泣き顔が出たり、しまいには爆弾が出たりした。あれはまさに「機嫌」ですね。

――「デリケートな相手」という感じ。だから、文書を作っていると、必ず不必要なぐらいセーブしてしまう。パソコンって、実はすごくストレスフルな機械だと思います。

そうそう、作業中に突然フリーズされると、やってたことが消えてなくなってしまう。近頃では、自動的に保存する仕組みも工夫されてきてはいるけれど、それでも状況によっては作業が水の泡になる。なので、私もしょっちゅうCtrl+S（Windowsの保存コマンドへのショートカット）でセーブしています。でも、考えてみたらこれは面倒くさい。こんなに手間のかかる装置もなかなかないですね。

――ただ、「データで取っておけると安心」という感じはあります。いま、本をばらしてスキャンして、ディジタルデータとして保存しておく人が多いみたいですね。大学の講義などでも、パソコンを持ち込んでノート代わりにする人が増えていると聞きます。

かつてのパソコン少年

——僕の親父は若い頃からパソコンが好きで、自称「県でパソコン通信をやったはじめての人間」。でも面白いのは、そういう人に、この前Macを持って帰って見せたら、全然知らないんですよ。興味が薄れている。なんでだろうな、と思いました。

では、いまはあまりお使いにならない。

——Windowsを使って、たまにメールするぐらい。デジカメで撮った写真を無理やり息子に送ってくるとか。そういうことにしか使わなくて、もう関心がないのか、ついていけないのか。いま、60過ぎなんですけど。それがちょっと意外でした。

それは面白い。

かつて熱中したということで言えば、私がはじめてパソコンに触ったのが1980年前後です。

——小学生でしたか。

小学生です。あくまで印象ですが、当時パソコンといえば、用もないのにもの好きで触るか、あるいは本当に事務で使う場合のどちらかだったような気がします。コンピュータを使って事務をOA化、オフィス・オートメーション化しましょう、そうすると能率が上がりますよなんて盛んに言ってたのもその頃のことです。確かに楽に

なった面もあるけれど、むしろコンピュータが高性能化すればするほど、仕事も増えてる気がしませんか？（笑）

――山本さんが最初に使ったのはどんなコンピュータですか？

NECのパソコンです。当時はまだ、いまみたいにOS（オペレーティングシステム）がハードメーカーを越えて統一されてなくて、メーカーごとに違っていた時代でした。しかも、ハードディスク（補助記憶装置）なんて高価だから内蔵されていません。データの保存といえば、フロッピーディスクかカセットテープです。

――Mac や Windows に代表される基本ソフトウェア

例えばゲームをやろうと思ったら、まずは30分ぐらい「ピーガー」とテープからパソコンにプログラムが読み込まれるのを待たないといけないんです。しかも、途中で読み込みエラーが起きると、テープを巻き戻してもう一度最初からです。いまなら数秒ですね。想像がつきますか？　なんだか自分で話していて、ほんとにそんな時代があったのだろうかと思ってしまいます（笑）。

――それがご自宅にあったんですか。

どうしても欲しくて一式手に入れました。

――買ったんですか！

そうなんです。これといって特別な用事があったわけではなくて、プログラムにとても関心があった。コンピュータに命令すると応答する。その命令が何種類もあって、組み合わせて命令することもできる。でも、間違った命令だとやってくれない。「そんな命令は知りません。文法ミスですよ」と言われちゃう。ラジコンや模型などにも熱中しましたが、そんなふうに機械と対話している感じは、他のものにはなかった。

1970年代の終わりから80年代のはじめ頃にかけて、パソコンに出会った人は、いまにしてみると、とても低性能のパソコンから使い始めています。それで、年々パソコンの性能が少しずつ上がっていくのに合わせて、自分たちもちょっとずつステップアップしていった。これは、90年代半ばとか21世紀に、最初から高性能化したパソコンに触るのとは、かなり感覚が違うはずです。昔話といえば昔話ですが、コンピュータのわかりづらさはそんなところにもあると思います。

さて、そんな経験をしているから、お父さんが熱中したというのはよくわかります。だからこそ、なぜ冷めてしまったかが興味深い。もしそれがわかれば、私たちの手がかりにもなりそう。他にはどうかな。

ブラックボックス化

——私の印象では、昔のパソコンはちょっと近寄りがたかった。操作にも慣れないし、なにかヘンなことをして壊れないかとびくびくしてた気がします。

確かに。いまのWindowsは、これでもかなり親切になりましたね。例えば、ユーザーじゃなくOS本体が使っていて、ユーザーに消されては困るファイルは、見せないようにしている。昔は大事なファイルも普通に扱えたから、命令すれば簡単に削除できたりもした。逆に言えば、それだけ自由度が高かったのですね。

要するに、必要な機能はとりあえず用意しておくから、後は各人良きに計《はか》らえ、というわけ。コンピュータのことをある程度わかってないと、怖いですね。

——一昔前は、ちょっと勉強して自分でウェブページを作ったり、ミニゲームを作ったり、そういうことが結構あったと思うんです。けれどいまは、私のような一般ユーザーはTwitterやmixiのようなサービスを利用したほうが早いしきれいだし、もうそこで足りてしまうので、自分で作ろうという気がまったく起きません。

なるほど。既存のもので「足りてしまう」という感覚は、現在、コンピュータとどう付き合うかということを考える上で、重要な観点かもしれない。

それに、ユーザー・インターフェイス（ユーザーとコンピュータが互いに向かい合って《インターフェイス》やりとりをする、出力（画面や音）と入力のこと）もどんどん発達してるから、以前に比べると、中身がわからなくてもそれなりに使えるようになってきてる。言わばブラックボックス化が完璧になりつつあるという感じかな。

――それが、一層「わからない」という感じを深めているような気がします。

パソコンのどこがわからないか

ということは、みなさんそれなりにパソコンを使っていて、「コンピュータはこんなものだな」という感触はありそうですね。自分が必要とする機能は足りているという感じもある。それから、インターフェイスが透明化して、いろんなことをいちいち気にしないで使えるようになってきている。これは既存の機能を使うだけのユーザーにとってはいいことなんだけど、他方で仕組みを理解するという点からすると、ますますわからなくなってきているとも言えそう。

では、質問を少し変えてみましょうか。みなさんは自分が「コンピュータのことをわかっている」という感触はありますか、ありませんか。

――ないですね。まったくない。

――ないですね。

――ないです。

全員「ない」？　それはなぜ？

――ルーティンに従っているだけで、メカニズムがわかっているとはまったく思えないんです。

うん、メカニズムね。

――「こうすればいいよ」と説明書に書いてあったり、人に訊いたりして、使い方はそのつどわかる。だけど、いつも潜在的《せんざいてき》に不安な感じというのかな、なにかわからないものに触っているという感じがぬぐえない。特にフリーズするときにこの「わからなさ」が顕在化《けんざいか》するんだけど、最近は、インストールがうまくいかないときかな。なんでインストールが拒まれているんだろう、みたいな。

だから一応使えるけど、なかなかわかった気にはなれない、と。

――自分の身体の中がどうなっているのかわからないのと似ています。胃や腎臓のことがわからなくても生活はできる。でもときどき蕁麻疹《じんましん》が出たりする。その原因がわからないんですよね。

ああ、その喩《たと》えはとてもいいですね。

――なんというか、モニター画面で私たちが操作するこの複雑なもの、これで世界中の人とメールしたりできるわけですが、これと、あの集積回路《しゅうせきかいろ》（ＩＣ）とか電子基板みたいなものとがどうつながってるのか、実感がわかないんです。

ごもっとも。

――どうしてこれで、計算したり、絵を描いたり、ゲームしたり、はたまた地球環境のシミュレーションみたいなことまでできてしまうのか。まったく魔法のような感じ。

用途や機能が多様化しているので、そういう感じはますます強くなってると思います。今回の講義では、みなさんにそこのところを「あ、なんだ、魔法じゃないんだね」と納得してもらうことが目標です。

「わかる」とはどういうことか

では逆に「コンピュータがわかっている人」ってどういう人かな。

――ある授業で、先生が、コンピュータ・プログラムを作ってくれたんです。脳の神経細胞《ニューロン》の活動をモデル化したシミュレーションなんですけど。あれはなにをしているんだ、と。僕は、プログラミングができるようになりたいとか、そういうふうには思わないんです。自分でやれなくてもなにも困らないと思いますが、しかし、なにをしているかぐらいはわかりたい。

その辺の感覚もぜひ訊きたいところです。そうすると、プログラムができる人は、「コンピュータをわかっとるな」という感じがしますか。

——ものすごくします。あとは、自分で部品を買ってきて、コンピュータを作っている人。

なるほど。私はパソコンがおかしくなると、蓋《ふた》を開けて自分で直すということを日常的にやっていますが、普通はコンピュータの蓋を開けませんものね。

——開けない。

Mac にいたっては「蓋を開けてはいけない」と書いてありました。

どうでしょう。いま、「コンピュータがわかるとはどういう状態か」と問いかけました。それに対して、プログラムができる人、自分でコンピュータを組み立てられる人という答えがあった。「わかるということは、それを作れることだ」と言った哲学者がいたのを思い出します。他にはどうかな。

「大体のことがわかる」ということ

——単なるユーザーでもないし、自分で作るわけでもない、その真ん中ぐらいかな。突発的な出来事が起きても対処できる人。トラブルが生じたときに、自分も「想定内だ！」とコンピュータに対して言ってみたい。

なるほど（笑）。それは切実な問題です。この講義は、コンピュータを作れるようになるとか、プログラムを書けるようになるのが目的ではありません。でも、そこまでいかなくても「わかっている」という、ある状態を目指してみたい。それはやっぱり「メカニズムがわかる」ということになるのかな。

——車の例で言えば、自動車を作ることはできなくても、エンジン、タイヤ、ギア、ブレーキ……という大体の構造、メカニズムですね、それがわかっていれば、使うことができる。で、「ローギアにしないとエンストしちゃう」というように、「これこれだから」という理由をちゃんと言える。細かいことはわからなかったとしても。そういうふうになると「わかっている」という感じがします。

なるほど。トラブルに遭遇《そうぐう》した場合に手も足も出なくて困ってしまうのか、あの手この手で解決できるのか。これが、わかっている度合いを測るひとつのモノサシかもしれません。ひとりで車を運転しているときに、車通りのない峠《とうげ》でエンストしてしまった。ボンネットを開けてみたけどなにがなにやらで、どれがラジエーターでどれがキャブレターかもわからない。こうなると原因はとても特定できないですね。

となると、まだちょっとぼんやりしているけれど、やっぱりコンピュータのメカニズムをある程度押さえるというのが目標になるかな。ただし、あくまで実感に基《もと》づいて、腑《ふ》に落ちる形で理解する。

入門書を読めばわかる?

では、3つ目の問いに進みます。

世の中にはすでに「コンピュータ入門書」が山のようにある。もしその中に、「これを読めばメカニズムがわかる」という本があれば、わざわざここで講義しなくてもいいわけですから話は早い(笑)。みなさん、いままでコンピュータの本を読んでみて、どうでしたか。

――コンピュータの仕組みが書いてある本を読んだことがあります。頑張って読んだんですが、なんというか「全体がわからない」という感じがしました。ここの仕組みはこうなってる、ここの仕組みはこう、と書いてあるんですが、全体としてなにをやっているのかがよくわからない。そこにすごくフラストレーションを感じました。

――その一方で、初心者向きの、例えば「エクセル入門」とか、「パソコン、はじめの一歩」みたいな本を読んでも、コンピュータについてわかったような気がしません。

その分類は重要だと思います。思うにこれまでのコンピュータ入門書の多くには、ふたつの落とし穴がありました。

一方には、コンピュータのメカニズムについて語った本がある。この手の本は、ある意味とても誠実に書かれていて、コンピュータの仕組みを網羅するように解説してくれている。だから、きちんと読めばわかる。でも、実はそれが難しい。なぜかというと、コンピュータの中身についての知識は書いてあるんだけど、それがなかなか自分の実感と結びつかないからです。それに、そうはいっても2進数の話や、CPUの話はハードルが高い。確かに知識は並べてある。でも、その知識を理解することがどういうことかがわからないので、読者は気がつくと細かい知識の海に溺《おぼ》れてしまう。だから、この講義では一見回りくどいようだけど、「なにがわかったときに、わかったことになるか」という重要なことを、はじめに確認したかった。

そして他方には、特定アプリケーションの使い方を指南する本がある。「エクセル入門」とか「ワード入門」の類《たぐい》。「保存はこのメニューを選びましょう」「エクセルにはこんな裏技があります」――これは言ってみれば、誰かが勝手に作った規則を、「こうやって学びましょう」というルール集、マニュアルですね。これもまた、あるアプリケーションの具体的な使い方や詳細を知るにはとても便利なんだけど、そっちばかり見ても、実はコンピュータのことはよくわからない。

こんなふうに、コンピュータを理解するときにはふたつの罠《わな》がある。このふたつの詳しさに要注意です。もしコンピュータのことを理解しようと思ったら、「仕組みを説く詳しさ」と「特定の使い方を説く詳しさ」には、最初から迷い込んではいけない。もちろん、目の前の必要に応じて入っていけばいい。でも、一度はちゃんと真ん中を通っておきたい。先ほど全体がわからないという話があったけど、まさにこの「全体」をイメージしないと、コンピュータの理解は覚束ない。ようやくはっきりしてきましたね。これが今回の使命なわけです。

②

コンピュータは万能の機械？

「できること」と「やりたいこと」の比を考える

では、いよいよ本題に入っていこう。ここで、ひとつヒントを提示しますね。これまでのみなさんの発言にもいろんな形で含まれていたことですが、世の中には実にいろいろな道具がある。例えば、はさみ、テレビ、車、そしてわれらがコンピュータ。これらについて、その道具で「提供されている機能」、つまり「それを使ってできること」と、「それを使って人が実行したいこと」の比を考えてみたい。

例えば、はさみでできることは「ものを切る」。応用すれば他の使いようもあるかもしれないけれど、「切る」という一通りのことができる。そして、はさみを使う人は、「なにかを切りたい」。だから、ここに迷いはあまりない。はさみの「できること」と、はさみを使って「やりたいこと」の比は、1対1です。

それから、テレビで提供されている機能は、リモコンを見ればいい。40個のボタンがついたリモコンがあるとしましょう。本当はボタンの組み合わせもあるけど、仮にボタン1個が1機能だとすれば、とりあえず40通りの機能が提供されている。他方で、テレビを見る人がやりたいことはどうか。例えばチャンネルを変えるとか、電源を切るとか、一度にひとつのことだとすれば、テレビは40対1ですね。

コンピュータはどうでしょう。コンピュータで提供されている機能をどう数えるか、これ自体がすでに困難です。100や200ではなさそう。例えば世の中に出ているソフトの本数は、数え方にもよるけれど、フリーソフトやシェアウエア（一定の試用期間を設け、それ以降は有料となるソフト）まで入れたら何万本かはありそう。仮にソフトの数だけで、1万本としておきましょうか。他方で、ハード（装置）の形も考えてみてください。みなさんは、こんなにボタンがついている装置を他に知ってますか。キーボードにはキーがいくつついてるか、数えたことありますか？

――ないです。

小さめのノートパソコンで100近い。テンキー（キーボード右側の数字キー）まで含めれば、100を超えます。これってすごいことですよ。100個のスイッチがついた装置を、みなさんは毎日使いこなしてる（笑）。

――そうだったのか。すごい。

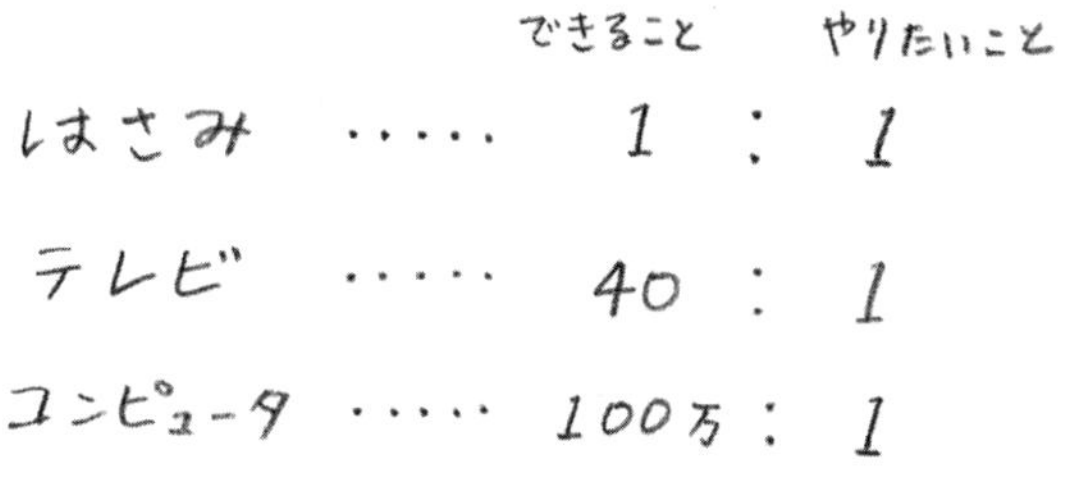

図-1「できること」と「やりたいこと」の比

すごいですよね。ハードからして100ボタン。これをどう計算するかわからないけど、提供されているソフトが1万あって、それを使いこなすためのキーが100個ある。で、みなさんがやりたいことはそのつどひとつ。同時にいくつかのことをしたくても、一度にすることはひとつずつ。

ここが、コンピュータの「わからなさ」の重要なポイントです。はさみのように「できること」と「やりたいこと」の比が1対1に近いほど、わかりやすいし、迷いはない。書店に行っても、「はさみの使い方入門」という本はあまり見かけませんね。特殊なはさみとか、植木を切りたいというのは別として。それから「テレビ入門」という本もお目にかからない。

でも、「コンピュータ入門」は山ほどある。しかも面白いのは、どれを見てもみんなそれぞれ違うことが書いてあったりすることです。つまり、用途によって使い方が変わるから、それぞれに本を書くわけです。どうかするとPhotoshopやWordでは、バージョンごとにマニュアルも違います。

改めて言えば馬鹿みたいな話ですが、コンピュータというのは、まず、用途が何種類あるかもわからない道具なのです。

——素人が把握しきれないくらい「できること」がある。だからわからないんだ。

しかも後で話すように、プログラムを作れば、いくらでも用途を増やせます。

潜在性

ちょっと難しい言葉になるけど、こういうコンピュータのあり方を「潜在性《せんざいせい》」という言葉で押さえてみたい。潜在、潜《ひそか》に存在している、つまり隠れている。コンピュータの機能は、普段潜在している。

「潜在性」の一番やっかいなところは、古代ギリシャの哲学者アリストテレス先生がすでに、「顕在化《けんざいか》しない限り、本当にあるかないかわからない」ことだ、と言っています。

例えば、ある人が「私はポリーニみたいにピアノが弾《ひ》けるんだよ」と言ったとする。もちろんセロニアス・モンクでもいい。どちらにしても、口で言っているだけでは、本当かどうかわからない。この人には、ピアノを弾けるという潜在性があるかないかわからない。ピアノの前に連れてきて「弾いてみて」と言ったら、「できれば、やりたくないんですが」と言うかもしれない。すごい演奏を披露《ひろう》するかもしれない。

このように、潜在性は、顕在化されるまでわからない。顕在化してはじめて後からそうだったとわかるという、とても厄介な性質がある。コンピュータにも、そういうところがあります。

もう少し踏み込んで言えば、プログラム自体が、潜在性そのものと言えます。

例えば、みなさんが普段コンピュータを使っていて、プログラムそのものを目にする機会はありませんね。後で話すように、プログラムにはコンピュータに対するいろんな命令が書いてありますが、普通はユーザーのあずかり知らないところにある。でも、「印刷してください」とお願いすると、「はいよ」とやってくれる。

こんなふうにコンピュータの機能は、命令すると、見えない状態で潜在しているプログラムが作動して、はじめて「できること」が顕在化するという形を取るのです。

用途が無限にある道具

では別の例と比べてみましょう。例えば、電子レンジの仕組みには、そんな潜在性はあるだろうか。「裏メニューでこんなのがあります」「こういう順番でボタンを押すとすごい調理をしてくれます」なんていう裏技はありません。できることは限られているし、その内容はほとんどボタンに示されている。

それに対して、コンピュータにできることは、無限にあると言ってもいい。だって、すでに厖大《ぼうだい》なソフトがあるのに加えて、新しい機能が欲しいと思ったら、作ってしまうこともできるのだから。そういう意味でも潜在性がある。

そうすると、考えようによっては無限にある潜在性、しかも顕在化するまでわからない潜在性を、いくつかの限られた知識でどうやったら押さえられるか。これが、コンピュータの「わからなさ」の正体です。

――通常の「道具と機能」という考え方が通用しない。

そうそう。だから、顕在している具体的な機能をいくら見ても、なかなか潜在しているものには手が届かない。かといって潜在しているものをいきなり押さえるのは難しい。この両方を、同時に見ることがポイントなのですね。

バグは潰しきれない

補助線としてひとつ喩《たと》え話をしてみます。仮にチェスを考案した人がいるとする(本当のところは、歴史の中でじわじわと改良されていまの形になったようです)。この人は、チェスのルールや道具を作ったとき、以後何百年にもわたってプレイヤーたちが繰り広げる戦いのすべてを把握していただろうか。どう思う?

――ありえない。というか、それができたら、どんな局面にも対応できる最強のプレイヤーになっちゃいます。

そう、把握しているわけではない。ものの本によれば、チェスの最初の10手で生じる盤の状況は169,518,829,100,544,000,000,000,000,000通りあるという(フランソワ・ル・リヨネ『チェスの本』成相恭二訳、文庫クセジュ、1977年)。もう桁《けた》の読み方さえわからない(笑)。要するに、チェスを設計した人も、さすがにこのゲームでなにが起きてしまうか、すっかり把握しているわけではない。それでも、完結したゲームとして成り立っているのが面白いですね。

いまのはチェスの話だけど、コンピュータやソフトウエアにも、なにかそういうところがあります。ソフトを作る場合、言ってみればチェスのルールを設計するように、潜在するものをデザインしています。このとき、実際使ったらなにが生じるか、完全にはわかりきっていないのです。これはもう、ソフト屋さんの言い訳なんですが、バグ(プログラム上の欠陥)はあらかじめ潰《つぶ》しきれないんです。もちろん最大限努力するけど、それでも潰しきったとは言えない。なぜかというと、自分が作ったものといっても、公開する前に、実際になにが起きるか、全部の場合を尽くせないからです。「これで完璧！」ということはほとんど不可能なのです。

――自分で作っているのに、なにが起きるかわからないんですか。

いいえ、自分が作ったもので「できること」と「できないこと」の境目は、ちゃんと意識しています。それは設計するためにも必要なことです。そういう意味では、自分が用意した仕組みの範囲でなにが起きるか、大体の見通しはついている。

でも、ことの性質上、どうしても見通しきれない部分があります。どうしてか。プログラムというのは、文章で書いていくものです。これが何千行、何万行という量にのぼると、その「組み合わせ」からなにが生じるかまでは読みきれなくなってしまうのです。ゲームを作っていると、これは本当に深刻な問題で、起きてはいけないことが山のように起きてしまう。まさに想定外のことが起きるんです。

だから、ゲームの開発では、全体ができてくると、後はどんどんテストする。この段階になると、1日に数百個のバグが出てくるなんてこともざらです。自分で作っているのに穴だらけ。それで、「うーむ、こんなことが起きるのか！」と発見しながらその穴を埋めていくわけです。

コンピュータは「計算機」？

さて、コンピュータの「わからなさ」の正体が、少し見えてきましたか。このわからなさを手がかりにして、次の3つの問いでは、もう少し具体的に、コンピュータそのものへ進んでいきましょう。

まずはじめに、「コンピュータは計算機なの、それとも違うの?」という問いです。次が、「コンピュータにできないことってあるの、ないの?」。そして最後が、「なぜ1台の機械で何万通りもの仕事ができてしまうの?」。

特に最後の問いについて、みなさんが誰かに訊《き》かれたときに、「それはね……」と言えるようになったら、そのときみなさんは、私と同じぐらいコンピュータのことがわかっていると言っていい、ということになります。

――楽しみです。

ではまず、コンピュータってなにかということを考えてみたい。

コンピュータの本を開いてみると、たいてい日本語では「計算機」と言うと書いてある。コンピュータは計算機であり、計算によっていろいろなことをします、とね。

試しにちょっと辞書を引いてみましょう。

コンピューター　計算機。特に、計数型電子計算機。
↓でんしけいさんき。▽Computer

でんし—けいさんき【電子—計算機】　制御装置・演算装置・記憶装置・入出力装置から成り、プログラムにより複雑なデータ処理が電子的に高速で行える計算機。コンピューター。

（『岩波国語辞典　第四版』岩波書店、１９８６年）

でも、コンピュータって「計算機」だろうか。計算もするかもしれないけれど、主な用途は、文章を編集したり、メールを書いたり、ウエブをブラウズ（閲覧）したりすることですね。
そこでちょっと考えてほしいんだけど、もしいま「コンピュータ」と呼ばれている装置に新しく名前をつけていいとしたら、なんて名前をつけますか？

① コンピュータは計算機？

② コンピュータにできないことは？

③ なぜ1台のコンピュータで
そんなにたくさんのことができるの？

――ワークマシーン。仕事で使うから。

――自動事務処理機、ネット閲覧機。

そうそう、その調子。でも、用途は仕事や事務だけじゃないし、ネット以外の使い方もいろいろありますね。

――中国語の「電脳」というのはどうですか。

うん、電脳ね。これはいかがですか?

――脳のわからなさと似てるから、なるほどと思うけど。きっと違うんですね。

では、ヒントがあるかもしれないから、外国ではなんと呼んでいるか見てみましょう。日本語の「コンピュータ」という言葉は、ご存じのように英語の computer から来ている。カタカナに音写しているだけです。これは compute（計算する）の派生語ですね。

それから、ドイツ語では Komputer だから、英語と同じ。フランス語はちょっと違って、ordinateur。これは「命令する」「整える」という意味の動詞から派生した言葉。イタリア語は英語と同じ computer、スペイン語では computadora、ギリシャ語では ηλεκτρονικός υπολογιστής、ロシア語では компьютер、などなど、以下、いろいろな国の言葉を調べていくと、大体英語の「コンピュータ」に由来することがわかる。

いずれにしても計算です。

最初は計算機を作りたかった

実は、コンピュータの歴史を見ると、最初はやっぱり、計算機を作りたかった。紀元前から、人は計算のためにいろいろな道具を考え出してきたけれど、いかにも私たちが知っているような計算機が姿を取り始めるのは、17世紀ヨーロッパ、パスカルやライプニッツの時代のこと。

パスカルという人は、確かお父さんが税金の計算をする人だったのかな。それで、お父さんに楽をさせてあげようと、計算機を作る。「パスカリーヌ」っていうかわいらしい名前で、歯車を使って計算します。計算を自動化したかったんですね。

ライプニッツも歯車式の計算機を考えて制作している。さらに彼は、普通の計算だけではなくて、思考を計算してしまおうなんてことまで考えた。一口に思考といっても、実のところよくわからない。ライプニッツが考えていたのは、どうも論理学でいう命題（AはBである）とか、推論（AならばB）のようなことみたい。つまり、言葉や概念をどう組み合わせるかということを、機械で処理しようとした。

どうしてそんなことを考えるかというと、人間は推論する。でも、人間の場合、自分が経験したことや、記憶の中にあることに基《もと》づいてしか考えられないので、どうしたって偏《かたよ》りがある。行き当たりばったりと言ってもいい。こうした推論をもっと網羅的・徹底的にやりたい。

そこでライプニッツは、先人のアイディアを借りながら、複数の概念を自動的に組み合わせる機械を考えた。なにしろ、機械的に組み合わせを作るから、人間なら先入観や経験にとらわれて考えないようなことまで出てくる。言わば概念の計算機です。もしこれがうまくいってたら、いまごろ私たちは推論をコンピュータ任せにして済ませていたかもしれないけれど、どうやらそうはなっていない。このライプニッツという人は、2進法の有用性を論じたことでも知られているけど、2進法はまさに現在のディジタル・コンピュータの基本になるアイディアですね。

以後、さまざまな計算機が作られていく。19世紀には商業化も進み、会計などの事務や天文学などの科学計算に使われるようになる。20世紀には軍事利用も本格化しだして、大砲の弾道計算に活用されたりもする。これはインターネットの話をするときにも触れるけど、技術はいつもどこかで軍事と踵《きびす》を接しながら発展するところがある。コンピュータも例外じゃない。大学や研究所を中心に大型コンピュータが開発されて、やがてそこから個人用のコンピュータ、パーソナル・コンピュータが出てくるのは1970年代のこと。こういう歴史的経緯があります。

新しい名前をつける

ではみなさん、どうして計算機で文章の編集ができるのかな。そもそもみなさんがやっていることは計算かしら。レイアウトをこうしよう。フォント（書体）はこれにしよう。色はこうしたい。その仕事をしながら、ひょっとしたらiTunesやMediaPlayerで音楽を流しているかもしれない。あの音楽は計算だろうか。

——うーん、難しいです。計算ってなんだろうって気がしてきました。

——フランス語だと「命令する」って意味があるんですね。非常に素朴なことしか言えないけど、命令している感じはある。こっちは「色を変えて」とか命令して、そうするとモニター上で色が変わったりするけど、本当は裏でなにか複雑な計算がされてるのかな。

ええ、なにか命令してますね。コンピュータに対して「音楽をかけておいて」「ニュースを収集しておいて」「メールを受信しておいて」とやってる。では、なんて名前をつけましょうか。

――「命令」だけでも足りないような。

もう、紛《まぎ》らわしいから「コンピュータ」と呼ぶのはやめよう。新しく適切な名前をつけてみてください。このことを考えるには、あれはなんだろうとか、あれはなにをしてるんだということがわからないといけませんね。これが、コンピュータのイメージを作る上で、とても大事だと思うんです。

アメリカでは、「コミュニケーション・メディア」と呼んでいる人もいたかな。「媒介する」ということを主軸に置いたのでしょうね。いかにもネット時代の規定の仕方だと思う。でも、別にコミュニケーションしない使い方だって、いっぱいありますね。

――感じとしては、欲求や欲望を実現してくれる装置かな。こっちが要求すると、まあ限定された範囲ではあるけど、ちゃんと応えてくれる。「リアライザー」みたいな。

だいぶかっこよくなってきました（笑）。

――私の感じだと、「自由に命令する」ところまではいきません。仮想的にコンピュータの中にいろいろなボタンがあって、それを押すといろんなことをしてくれるというイメージです。

それはすごくいい視点ですね。執事がいて、「お茶を淹《い》れて」とか、あれこれなんでも命じられるわけではなくて、向こうが「私はこれだけのことができます」と待ち構えているわけだ。定食屋でご飯を選ぶようなものかな。「今日は、サバの塩焼き定食をください」。

――はい。もうメニューがちゃんとある。

選択しているのですね。この喩《たと》えに乗って言うと、できあいのメニューに満足できない人は、自分で調理する、つまりプログラムを作るわけです。

――あとやっぱり、「仮想なんとか」みたいな感じが、私はちょっとします。現実にあるいろんな道具、例えば計算機、ノート、ラジカセみたいなのを、コンピュータの画面の中で真似《まね》してくれている。シミュレーションというか。

そうですね。電卓やオーディオ装置や原稿用紙やなにやらと、いろいろなものを模倣する。

では、みなさんの答えを全部つなげるとどうだろう。「仮想欲望実現装置」かな。ただし、メニューはあらかじめ決まってる。つまり、私たちは、①すでに誰かが用意した仕組みを利用して、②コンピュータに命令し、欲望を実現するというわけです。こんなふうに考えると、コンピュータってどういうものかがよく見えてきますね。ともかく、どうやら「計算機」ではないと、改めて思うわけです。私の考えは本の最後に述べることにして、先に進もう。

コンピュータにできないこととは？

いま、「メニューから選ぶ」という話があったけど、メニューはソフトを入れれば増えていく。１万本のソフトを入れれば、１万個のメニューがコンピュータに入る。

では、これは想像で構わないんだけど、みなさんは「コンピュータには、これはどうしたってできないだろう」と思うことはあるかな。どんな馬鹿げたことでも構いません。それとも、コンピュータはなんでもできる装置かしら。

――人間に対して「触覚」を与えるようなことは、いまのところできないのでは。「視覚」や「聴覚」はできますけど。

そうですね。それに近いものがあるとしても、せいぜいゲーム機のコントローラーが震動するとか、点字装置くらいかな。でも、触覚の複雑な質感を再現しているわけではない。絹《きぬ》の手触りとか、水の手触りとか、犬をなでたときの感じを味わえるようなことはないですね。他にはどうですか。コンピュータにできなさそうなこと。

――馬鹿みたいなことでもいいですか。

もちろん！　むしろここは、すごく馬鹿げたことが大事ですから大歓迎です。

――死んだおじいちゃんを生き返らせる。

なるほど、確かにそれはできない。試しに考えてみようという場合、こういう一見極端な例は大事です。大ざっぱに言えば、われわれがいま、いろんな技術を使って実現できないことは、コンピュータにもできない。

他にはどうだろう。それ以外のことは、なんでもできますか？

翻訳できるか

――翻訳などは、いずれできるようになるのでしょうか。『ドラえもん』に出てくる「ほんやくコンニャク」みたいなものは。

翻訳。なかなかギリギリの、面白い例です。すごく微妙な、でも、それだけにとてもよい題材だと思う。果たしてコンピュータは、人間と同じように翻訳できるようになるのかどうか。

一見すると、翻訳とは、ある言語から別の言語に言葉を置き換えていけばよいのだから、コンピュータは得意そう。でも、実際やってみるとわかるんだけど、単に辞書を引いて言葉を置き換えるだけでは翻訳はできません。簡単に言うと、翻訳しようとしている文章や言葉が、どんな文脈で使われているかということを、適切に理解できないと、変な翻訳になってしまう。

この問題は、人工知能の話ともつながっています。1980年代に、人工知能（AI＝Artificial Intelligence）ということが盛んに言われた。そのとき人工知能に対していろいろな意見が出たわけだけど、一方で「原理的に無理だろう」という話もあった。哲学者のジョン・サールが、「中国語の部屋」という喩え話をしている。こういう話。

英語しか解さないAさんが、ある部屋に閉じ込められてしまう。そこには小さな窓が開いていて、中国語の漢字が書かれたメモが差し込まれてくる。

部屋には分厚いマニュアルがあって「こういう漢字が来たら、こういう漢字を返せ」ということが載っている。Aさんはそれに従って、メモを返す。

部屋の外から見れば、Aさんは中国語を理解しているように見える。だって、ちゃんと中国語で返事をしてくるんだから。でも実のところ、Aさんはマニュアルに従って機械的に返事をしているだけで、中国語は全然わからないのです。人工知能といっても、コンピュータがしていることもこれと同じなんじゃないか、とサールは言うわけです。

「翻訳は意味を捉《とら》えられないとできない」と考えれば、翻訳ソフトは作れないように思えてくる。一方で、意味を捉えられなくても、形だけで翻訳が可能であるという理屈がつけば、その限りでは翻訳できるということになる。
例えば、「エキサイト翻訳」というサービスがあるけど、使ったことありますか。
8カ国語を日本語に自動翻訳（機械翻訳）できるウェブサイト。

――あります。

言語の組み合わせによっては、結果も非常にエキサイティング（笑）。

――（笑）。ただ、正しい日本語にならないとはいえ、大体どんなことが書いてあるかぐらいは見当がつきますね。

そう、単語が置き換えられて、それが順番に並べば、ある意味が浮かび上がってくる。不案内な言語では、それだけでも助かりますね。

でも、それでは人間がやるように翻訳できるかというと、それは結構難しいかもしれない。先ほども少し言ったように、翻訳の可能性が複数あるときに、どこに意味を定めるかという問題があるからです。人間の翻訳者は「前の文、後ろの文、次の章に出てくる話、この作家の言葉遣《づか》い、言葉の使われ方の歴史、現実世界や経験に照らすと、こうとしか読めない」と考えて翻訳する。つまり、人間はコンテクスト（文脈）を考えに入れている。そのために字面という次元を超えて、実にいろんなことを総動員しているはずです。機械翻訳は、果たしてそこまでいけるかどうか。これは微妙な問題で、面白い。いい翻訳ソフトができたら、翻訳者は商売あがったりだけど、人類のコミュニケーションという意味では、とてもありがたいことですね。

さて、他にはどうかな。

人間が指しているかのような将棋ソフト

――チェスで人間に勝ったのは、ディープ・ブルーでしたっけ。

ディープ・ブルーですね。1997年にチェスの世界チャンピオン、ガルリ・カスパロフを破ったプログラムです。

――あれも、「コンテクストを読む」というふうに比喩《ひゆ》的に言われることがありますよね。そうすると、翻訳もコンテクストをより厚く実装していくと、下手な翻訳者より、まあまあのところまでいけるのかな、と思います。

それはまた興味深い話で、ディープ・ブルーのアルゴリズム――アルゴリズムというのは、問題を解くための「手順」のことを言うんだけど――、つまり思考の仕方はすごく乱暴なのです。

まず、与えられた時間の中で可能な手を全部読む。そして、読んだ手に点数をつけて、点の高いものから選ぶ。つまり、ある場面から生じるあらゆる「場合」を尽くした上で、ベストを選ぶ。制限時間があるから、その範囲内で、どこまで読めるかが問題です。つまり、コンピュータの処理速度も大きく関係することがわかりますね。

オセロだと、いまではほとんどコンピュータが勝ってしまうというし、チェスのプログラムもすごく強くなっていて、人間がコンピュータ・プログラムに手を学ぶようになってるらしい。それに対して、駒《こま》を再利用できる将棋や、盤面の状況が複雑な囲碁は、人間のほうがずっと強かった。

ところが、最近、将棋が強くなってきているという話があります。「Bonanza（ボナンザ）」というソフトが登場して、これが面白い。保木邦仁《ほきくにひと》さんという人が作ったんだけど、まず作者がユニーク。ソフトが強いだけに作者もさぞやと思うと、ご本人は格別強い将棋指しというわけではないらしいのです（謙遜《けんそん》かもしれません）。それなのに、彼が作ったソフトが、コンピュータ将棋選手権であれよあれよと頭角を現した。

保木さんはなにをやったのか。過去に行われた名人戦の棋譜《きふ》のデータを使った。私も囲碁ソフトの開発に携《たずさ》わったことがあるけれど、昔の勝負については、棋譜が残っているから、それを利用する。しかもいまでは、そうしたデータはネット上に厖大《ぼうだい》にストックされている。それで、6万局におよぶ棋譜を自分のプログラムに教え込む。彼は技術者らしく、「将棋はこう指すのがいい」と考えるのではなくて、例えばある3つの駒があったとして、その位置関係がこうなるとどうやら勝てる確率が高くなる、という抽出の仕方をしたらしい。そこで、この「ボナンザ」というプログラムは、そういう「いい形」を目指す。しかも、それは過去のあらゆる名人戦の素晴らしい勝負をお手本にしてるというから、すごい。

そうすると、試合の様子を解説した棋士もどこかで言ってましたが、従来のいかにもコンピュータらしい将棋と比べて、「ボナンザ」は、なんだか人が指しているような気がしてくるらしいのです。なぜかというと、単にいくつかある定跡《じょうせき》(打ち方のパターン)のどれかをなぞるのとは違って、3つの駒の関係を見るというやり方をとる。それだけに、変化しつづける盤面にも柔軟に対応できるからじゃないかと思う。

データ・マイニング

こんなふうに、人間がやったことを厖大に解析すると、そこから人間に近い能力を発揮するソフトウェアができる可能性がある。これは半ば空想だけれど、コンピュータに「これが名訳です」と端から教え込んでいったら、私のようなへっぽこ翻訳者より、よっぽどいい翻訳をするようになるかも(笑)。

しかも、そのコンピュータはひょっとしたら……

——文体を持つかもしれない。

そう、文体を持つ可能性がある。

考えてみると、人間の場合、どんなに博覧強記《はくらんきょうき》の読書人でも読書量には限界がある。でも、例えばコンピュータに、近代デジタルライブラリー(明治・大正時代の書物をコンピュータで閲覧できるインターネット上のサービス。現在15万冊。国立国会図書館提供)、あれを全部読ませたりして、明治・大正文体を獲得させる。しかも青空文庫でもう少し現代に近い作品も端から読み、同時にGoogle Booksで英語の本、フランス語の本、ドイツ語の本、ラテン語の本もカバーする——そんな読書量を誇る翻訳マシンが生まれたら、すごいかもしれない。厖大な文章のサンプルを基《もと》にして、人間には及びもつかない翻訳を機械的に編み出さないとも限らない。

こんなふうに、大量のデータを目的に応じて解析することを、データ・マイニングと言ったりする。データの山を掘ってなにか見つけるというわけです。人類がコンピュータやネットを使えば使うほど、ますますいろんなデータが蓄積されていくのだから、使いようによっては、まだまだ未知のことが出てくるかもしれない。

データ・マイニングは、もちろんサールが指摘したような機械的な処理の延長上にあることですね。でも、膨大なデータとその解析から、人間らしく感じられるふるまいが生じてきたとき、それを知能と呼ぶかどうかはともかく、私たちはそのことをどう考えたらいいか、悩まされそう。

いくつかの例を見てみました。コンピュータにできること、できないことの境界線をどこで引くかというのは、なかなか難しいということを、実感してもらえたんじゃないかな。コンピュータになにができないかという話、もう少し続けよう。

コンピュータは、サイコロを作れない？

――「ふと思い出す」みたいなことは、できないのでは。

そうそう。いいことを言ってくれました。「ふと」ということができない。

それと関連して、今日は最後にもうひとつ、いまのところコンピュータには絶対できないことを話しておきましょう。それは、「ランダムを作れない」ということです。

つまり、サイコロのようにでたらめな数を作れない。これは、ゲーム制作者が困ることのひとつでもあります。

ゲームでは、「人生ゲーム」にしても「モノポリー」にしても「バックギャモン」にしても、あるいはもっと複雑なゲームにしても、なんらかの形でランダムな数を使う。つまり、サイコロを振ります。

では、ここで質問。人間はなんでサイコロを振るんだろう。また馬鹿な質問をしているなと思うかもしれないけど、どうですか。

——例えば賭け事なんかで、誰にも予想できないようにしないと、賭けにならないから。

そうですね。サイコロはなにをしているかというと、誰にも事前に予想できないこと、人間から見ると偶然にしか見えないことを生じさせる道具ですね。つまり「でたらめ」を生むための装置。コンピュータは、これを再現できないのです。

——でも、パチンコ屋でやっているように見えます。

確かにパチンコでスロットが回る。あれも一種のサイコロですね。でも、本当はでたらめを作れてないんですよ。そのことを話しましょう。

「でたらめ」の作り方

さっき、コンピュータをどう日本語訳するかと考えたとき、私たちは①事前に用意された仕組みを使って、②コンピュータに命令している、ということを確認した（47ページ）。この、事前に用意されている、というところがポイント。

実は、コンピュータは——あえてここでは計算という言葉を使うけど——決まった手順に沿って、決まった計算をすることしかできない。

つまり、すごく簡単に言うと、コンピュータはやることが全部確定されている。「Aならばこうする、Bならばこうする、Cならば、Dならば……」と、因果がすっかり決まってしまっている。だから、どこにもでたらめが入る隙間はないのです。原理上、でたらめが入ってこないと言ってもいい。

では、ゲーム開発者はどうやってでたらめを作るかというと、例えば、みなさんが使ってるコンピュータに入っている「時計」を使う。「2010年2月19日17時12分」という数字を、でたらめな数を作るための計算式に代入する。このやり方だと、同じ時間にもう一度やらない限りは、一応でたらめに見える。でも、時計が刻む数値だって規則的に決定されていますね。

――時計を使ったでたらめというのは、コンピュータの外側にあるでたらめさを利用して、でたらめに「見せている」ということでしょうか。重い原子核の崩壊はランダム（法則性がない、無作為）だと聞きますが、例えばそれをコンピュータにつないで、原子核が崩壊したらこうしてくれという命令をあらかじめ組み込んでおく。するとアウトプットされたものはでたらめに見えるけど、でたらめの元はコンピュータの内側にあるんじゃない、外側にある。

そうそう。コンピュータの外側にあるランダムを利用して、ある値を用意する。こういう値を「ランダムシード」、まさに「種《たね》」と呼ぶ。そのでたらめな値を元に、後はAならばB、BならばCという条件に縛《しば》られて、あらかじめ決められたことを決められた順番にやっているだけです。言わば「擬似《ぎじ》乱数」なんです。乱数というのはランダムな数のこと。

だから、さっき言ったように、もし同じ「種」をもらったら、同じ結果が出てくる。あくまでもコンピュータの内側はランダムではないんですね。そこで、どこから「種」を持ってくるかというのが、プログラマーの腕の見せどころになる。

以前、あるゲーム会社が、サイコロを振って駒を進めていく双六《すごろく》タイプのゲームを発売した。ネットを見ていたら、ユーザーからすぐに苦情が出た。どうもサイコロをいくら振っても偶数しか出ないらしい（笑）。

——上がれないかもしれない。

そう。でたらめを偽装することに失敗したんだね。これ、本当にあった話。

どうやってそれっぽいランダムを作るかということは、コンピュータ科学者の間ではとても重要なトピックスのひとつで、このテーマだけで本が書けるほど。

大事なポイントなのでまとめておこう。コンピュータは、言われたことを言われた通りにしかできない。だから、純然たる乱数（というのも変な言い方だけど）は、作ろうにも作れない。コンピュータは、言われたこと以外は決してやらないと思ってくれればいい。ここがわかると、コンピュータがなにをしているのか、イメージしやすくなると思います。

例外として、ハードウェアが熱などで本来の働きからそれてしまう、「熱暴走」ということはある。これは装置の故障に近いものだから、いまはおいておきます。

というわけで、みなさん、引き続き「コンピュータにできないこと」を考えてみてください。次回までの宿題にするから、これはどうだろうと思うことがあったら、メールしてくださいね。一見なんでもできそうなコンピュータ、その首根っこを押さえるヒントになるはずだから。

以上で、1日目を終わります。

次回は、「どうしてコンピュータにはいろいろなことができるのか」という問題に踏み込もう。ちょっと予告すると、「記憶」がキーワードになってきます。実際、プログラマーもユーザーも、コンピュータ上の「記憶」を操作しているのです。そんなこともちょっと考えてみてくださいね。

宿題　コンピュータにできないこと　みんなの答え

その1「人間にも仕組みがよくわかっていないことはできない」

――翻訳と同じかもしれませんが、人間の意識や感情は、人間にもどういうものかよくわかっていないので、まだ作れないと思います。

これはその通り。2日目の話に直結するので、後で話します。

それから、人間の思考の再現ということについて言えば、翻訳の問題を話し合ったときに言ったけど、コンピュータは「文脈を読む」ことがいまのところ苦手です。これは人工知能にとって大きな課題になっていて、「フレーム問題」と呼ばれている。重要なトピックだから、本の最後に簡単に触れたいと思う（335ページ）。

その2 「コンピュータには創造性がない」

――コンピュータは、あらかじめプログラムされたことを、愚直に一本道に実行することしかできない、というお話でした。では、コンピュータには創造性や、直感的なひらめきは生まれないのでしょうか。

これも面白い疑問ですね。創造性をなんと考えるかにもよるかもしれない。仮に、人類史上、誰も作ったことのない文章や画像や音楽を作ることを創造性と呼ぶとしたら、あながちコンピュータに創造性がないとは言えなくなります。ライプニッツが、概念を機械的に組み合わせる道具を作ろうとしていたことを思い出してもらうといいけれど、コンピュータは「こういう組み合わせを全部作ってみて」と言われれば、文句も言わずに作るから。

そこで連想するのは、ボルヘスという作家の「バベルの図書館」という小説です。この図書館には、アルファベットの組み合わせで表現できるあらゆる書物が置かれている。要するに、ページの最初から最後までaで埋まった本もあれば、シェイクスピアの戯曲もあれば、『ガリヴァー旅行記』の登場人物の名前が『吾輩は猫である』の人物の名前に置き換わったバージョンもあれば、自分の将来がすべて書かれた本もある（もちろん、過程や結末がちょっとだけ違う本も）。ともかく、アルファベットのあらゆる組み合わせで書かれた本があるというわけです。

これはコンピュータの話じゃないけれど、とてもコンピュータ向きの話です。文字数の上限を決めて、「アルファベット100文字のあらゆる組み合わせ」を作りなさいとプログラムすれば、造作《ぞうさ》もなくできます。このとき、この100文字の中には、これまでに誰かが書いたことがある文章も含まれていれば、いまだ誰も書いたことのない言葉の組み合わせもあるかもしれない。

こう考えてみると、果たしてコンピュータには創造性があるかないか。いまは文字の話をしたけれど、後の講義を聞けばわかるように、画像や音楽でも実は同じことが言えます。

それに対して直感的なひらめきのほうはよくわからない。これは、人間がなにかをひらめくということ自体がよくわからないから。人間がなにかをひらめくというのは、本当になにか真新しいことを創出しているのか、それとも、記憶の中にあるものごとや知覚したことを組み合わせてなにかを「ひらめいて」いるのか。

その3「ふたつのことを同時にできない」

――プログラムが一本道ということは、ふたつのことがいっぺんにできないような気がしたんですが。でも、できるんでしょうか。

日頃、パソコンを使うときに、音楽を再生しながら文章を書いたりしていませんか。あるいは、同時に複数のアプリケーションを起動して、画像ソフトで写真を加工して、それをすぐにワープロソフトに貼り付けて、できあがったファイルをメールで送信なんてことをやる。これ、同時にやってるように見えますね。

実は、コンピュータがやってることはそのつどひとつです。なんだけど、「高速回転皿回し」で、同時にやってるように見せているだけなんです。皿回しって、わかるかな。棒を数本立てて、それぞれにお皿を載せて、止まらないよう回し続けるという芸がある。これと同じで、音楽を再生しろ、Wordで文を書くぞ、メールを受信してくれと、全部同時にやってるように見えるけれど、実は、音楽をちょっと再生、Wordをちょっと受け付け、とやってる。超高速分身の術と言ってもいいかもしれない。

もっとも、最近は「デュアル・プロセッサー」といって、CPU（中央処理装置、プログラムを実行する部位）がふたつ入っていて、同時に別々のことをするなんていうコンピュータもある。

それから、「グリッド・コンピューティング」のように、ネット上の複数のコンピュータを、あたかもひとつのコンピュータのように使ってしまうという技術もある。こうなってくると、なにをもって1台のコンピュータと呼ぶのかわからなくなってきますね。

その4「〇〇そのものになることはできない」

――お話を伺って、コンピュータはいろんな道具の「ふり」ができる機械だ、と思いました。

それで考えたのは……当たり前なんですが、サイコロのふりをするにしても、サイコロそのものになることはできない、ということです。レモンのふりをしても、レモンそのものになることはできない。つまり、シミュレーションする当のもの、そのものには決してなることができない。

だから、もしコンピュータが潜在的になんでもできるとしたら、宇宙をシミュレートしモデル化することもできるかもしれませんが、宇宙そのものにはなれないと思います。

これはその通りですね。犬そのものにはなれない、人間そのものにはなれない。模倣はできても、ついにものそのものにはなれない。

では、「サイコロになれないか」と考えたとき、こういう装置を考えたらどうだろう。このコンピュータにロボットアームを取り付ける。ロボットアームは、サイコロを持っている。プログラムで制御して、サイコロを振る。このとき、この装置はサイコロになっているかどうか。なんなら、コンピュータそのものをサイコロ型にして、モーター内蔵で、自ら飛び跳ねてサイコロのように動くものを考えてみてもいい。

あるいは、コンピュータが搭載された車はどうか。それも車か、違うのか。「ふりをする」ということで言うと、コンピュータの世界でとてもよく知られている「チューリング・テスト」というのがある。

コンピュータを介して見知らぬ何者かとチャットをするとします。つまり、コンピュータになにかを打ち込むと、ネットを介して向こうから返事が来る。それに対して返事を打ち込む。また返事が来る。

このやりとりをしばらくやってみて、相手がコンピュータだと見抜けなかったら、そういうコンピュータには知能がある、つまり人間のようなものだと思っていいんじゃないか、というわけです。つまり、ものそのものになれなくても、同じような機能を持っていたらそれでいいのではないか、という考え方ですね。1日目に紹介したサールの「中国語の部屋」は、これに対する反論として登場したものでした。

その5「あまり複雑すぎることは再現できない」

――例えば、「いま地球が温暖化しているのか寒冷化しているのか」という問題は、いろんなファクターがありすぎて、コンピュータでも計算できないのではないでしょうか。

これは宿題の答え「その1」の意見と近い。いまのところ人間にも仕組みがよくわからないので、正確な予測ができないという話ですね。

それから、根本的な問題もある。ひとつは計算時間の問題です。例えば、πを計算で求めるとします。いま仮にコンピュータの性能が低くてπを1桁《けた》計算するのに1秒かかるとしたら、1億桁まで計算するには、1億秒かかってしまう。でも、コンピュータの性能が100倍上がったら100万秒、1万倍なら1万秒、100万倍なら100秒で計算できる。

コンピュータの限界のひとつがここにある。つまり、一定時間で処理できることには、どうしたってスピードの限界があるから、それが計算できること、できないことの壁になってくる。例えば、「この計算さえできれば、1時間後の天気がわかる」というシミュレーションがあったとしても、計算が終わるまでに3千年かかったのでは意味がないですね。

そこで、実際にコンピュータでπのような無理数を扱うときは、計算にかかる時間を短縮するために、どこかで数を丸めている。つまり、四捨五入などをして数を切り捨てたり切り上げたりしている。それがシミュレーションにどこまで影響してくるか、これも問題です。初期値のわずかな違いがめぐりめぐって厖大な違いを生んでしまう「複雑系」と言われている現象では、こういう一見小さな要素がネックになることがある。

もちろん、コンピュータの性能が上がって、同じ時間でこなせる計算量が増えれば、計算スピードも速くなる。そうすれば、より正確な計算ができるようにもなる。目下研究されている量子コンピュータに期待されていることのひとつは、この計算量が格段に上がるということです。

③ コンピュータはなぜいろんなことができるか

コンピュータの正体とは？

前回、「コンピュータにはなにができないか」、という宿題を出しました。みなさん、実にいろいろなことを考えてくれた。今回の話につながる大事なことも書いてあった。

2日目の今日は、みなさんの意見を踏まえつつ、「コンピュータはどうしていろいろなことができるのか」というひみつに迫っていきましょう。

前回お話ししたように、コンピュータはもう用途が無限と言ってもいいくらい、実にいろんなことに使われる。例えば、トースターはパンを焼くことしかできない。「トースターをXとして使う」といっても、普通Xには「パンを焼く」しか入らない。用途が限定されていて、他のことに使えない装置っていっぱいありますね。それに対してコンピュータは、とても応用が利きます。使う人の考え方次第で、Xにいろいろなものを入れられます。

――コンピュータは粘土《ねんど》みたいなものかなと思いました。なにかを作るための素材。潜在的になんにでもなれる。

――いろんな道具に変身してしまう。

そう。変身できる。私たちはコンピュータをなにか「として」使う。別の言葉で言えば、いろんなふうに「転用」する。

「転用」というと、なんだか「本来の用途」がありそうな気もします。では、コンピュータの本来の機能ってなんだろうか。コンピュータの正体とはなにか。これが今回の課題です。

――コンピュータの正体ですか。融通無碍《ゆうずうむげ》というか……。雲をつかむような話で、ちょっとわからなくなってきました。

回路を組み替える

――やっぱり、プログラミングできるということが大きいんじゃないですか。回路を自由に組み替えることができるというか。ハードウェアとして決まった回路はあるんだけど、それに乗っかって、プログラムで回路を自由にデザインできるという感じがします。

回路を組み替えられるというのは、まさしくその通り。

昔、「ゲーム&ウォッチ」という任天堂が出していたゲーム機がありました。名刺サイズで、液晶画面とボタンがついていて、ゲームができる。でもこれ、ひとつのゲームしかできない。役割を固定しているからです。

のちにファミリーコンピュータ、ファミコンみたいなゲーム機が出てきたときになにをしたかというと、ソフトをカートリッジでガチャッと入れ替えるということを始めました（念のために言うとファミコンが最初というわけじゃない）。そうすると、ひとつのゲーム機でいろんなゲームができる。あれは、カートリッジを入れ替えることで、回路を組み替えるということをやっているのです。

コンピュータの歴史の本を見ると、部屋いっぱいの大きさのコンピュータが置いてあって、技術者がケーブルをつなぎ替えてる写真が載っています。見たことありますか。１９４０年代の話です。ケーブルをつなぎ替えるということは、まさに回路を作り替えるわけです。「今回はミサイルの弾道の計算をしよう」「今回は暗号解読の計算をしよう」と、用途に合わせて回路を組み替えていたのですね。

世界初の電子式計算機「エニアック」(ENIAC)

1946 年公開。プログラムの変更は、人が配線することによって行われた。

――ほんとにモノとして組み替えてるんですね！

そう。でも、これはいかにも面倒くさい。いまそれをやれと言われたら、みなさんコンピュータを放り出すんじゃないかな（笑）。だって、文書を書くたび回路をつなぎ替え、メールを出すたびつなぎ替え、なんてやってられないから。

では、どうしたらいいか。いちいち物理的に回路を組み替える代わりに、ハードウェアはそのままで、ソフトウェア、つまりプログラムを入れ替えればいいという発想になった。みなさんも日頃パソコンで、ソフトをインストールしたりするだろうから、実感があるかもしれません。

というわけで、いまのコンピュータには、大きく分けてふたつの層がある。

①ハードウェア――これはＣＰＵとかハードディ

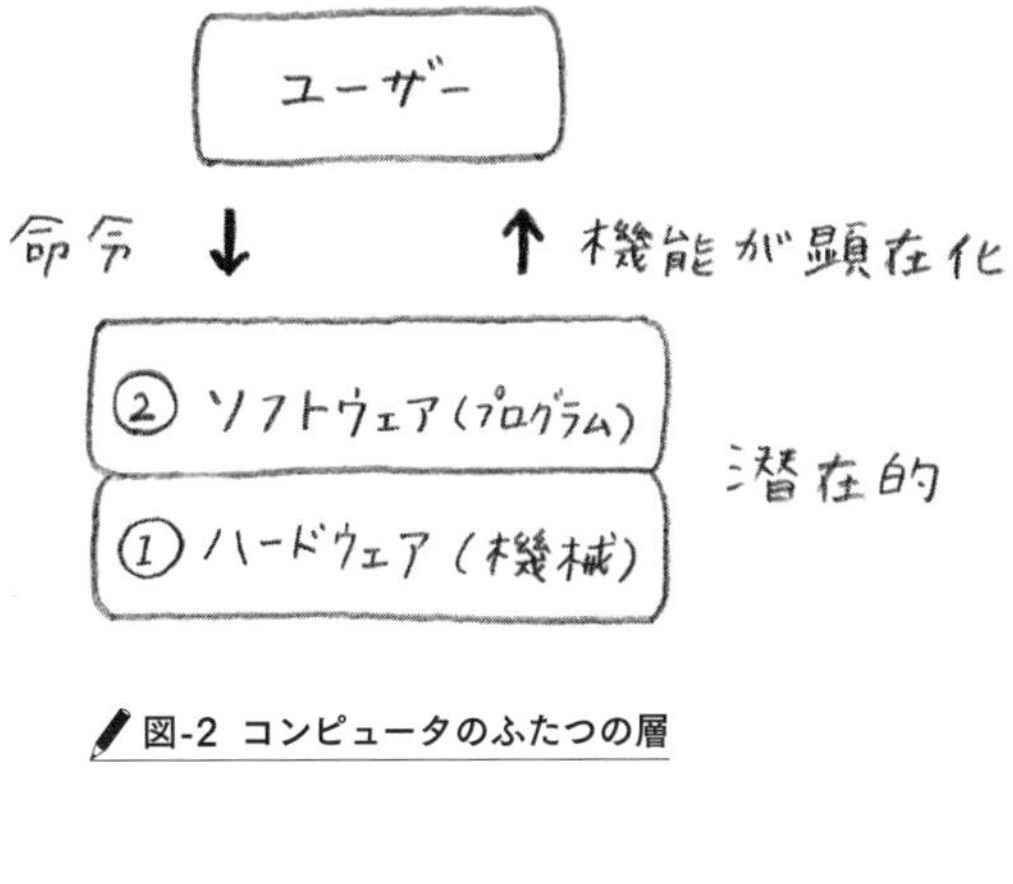

図-2　コンピュータのふたつの層

スクとかディスプレイとかキーボードとか、要するに見て触れる「機械」のこと。
②ソフトウェア――つまり、コンピュータのハードに対する命令、回路の働かせ方が書いてある文書のこと。この文書を「プログラム」と呼ぶ。
それで、このふたつが組み合わさったものに対して、ユーザーがいろいろ命令する。そうすると、具体的に機能する。言い換えると、ハードやソフトに潜在《せんざい》している機能が、ユーザーの命令によって顕在化《けんざいか》するわけです。

「コンピュータにできないこと」に対する山本さんの答え

さて、みなさん、「コンピュータにできないこと」について、いろんな回答を出してくれました。しかも、かなり複雑なことも含めてメールを寄せてくれました。でもね、そこがまさに、みなさんがコンピュータに幻惑《げんわく》されている証拠だなと、私は思うわけです(笑)。

でも、気持ちはすごくわかる。それなりにパソコンを使ってる人たちに同じ質問をしたら、やっぱりこういうふうに、いろんなことを答えてくれると思う。しかし、そこでぐっと我慢して、シンプルに考えることから始めないといけない。

では、改めて、コンピュータにできないことはなにか？　私の答え。どうか怒らないで聞いてほしいんだけど、こうです。

「装置で提供されていない機能は、逆立ちしても、じだんだを踏んでも、できない」。当たり前ですね。拍子抜けしましたか？　ごめんなさい。でも、ここから出発しないと、きっと間違えてしまうのです。

コンピュータを丸裸にする

このことを実感してもらうために、いまからコンピュータを丸裸にしてみよう。

「クラリネットをこわしちゃった」というフランスの民謡がありますね。黙って聴いてるとすごい歌です。最初はドの音が出ないと言っていたのに、どんどん音が出なくなり、最後にはドとレとミとファとソとラとシの音が出なくなる。そんなふうに、コンピュータからどんどん機能が失われていったら、どうなるか。

そうですね、まず、みなさんが使っているコンピュータの「ディスプレイ」をとっぱらいます。それでも使うことはできますか。

——できない。

――いや、まだ、覚えていれば大丈夫。

そうそう、一見無理っぽいけど、頭の中でイメージしてみて。自分のパソコンでは、いつも画面の左上に Word のアイコンを置いていたから、マウスを左上に動かしてダブルクリック。大体5秒くらい待って、準備が整った頃合いに、「こんにちは」と打つ、とか。

ペドロ・アルモドバルの映画「抱擁《ほうよう》のかけら」では、目が見えなくなった脚本家が、コンピュータを使っている。「あれ？　どうやって使ってるんだろう」と思って見ていると、キーを押すたびに、スピーカーから「Enter、Enter、Space、H、E、L、L、O」と、声で教えてくれるのですね。これは、ユーザーの状態に合わせて、コンピュータの機能を組み替える好例です。そういえば、ディスプレイがなかった時代は、紙にプリントアウトしてた。「あなたの命令を実行した結果はこうです」と。

では、続けます。スピーカーも外してしまいますね。これで音が出なくなった。ネットケーブルも抜こう。パスッと遮断《しゃだん》。でも、まだ入力はできる。マウスを外してみる。それでもキーボードを駆使すれば使える。それでは最後、キーボードを取る。さて、これで入力も出力もできなくなった。もう電源以外はケーブルもつながってない状態です。でも、まだ動いてるはず。このコンピュータは、なにをしてますか。

――コマンド（命令）を待っている？

そう、待ってますね。ひたすら待っている。細かく見れば、ＯＳがいろいろ動いているけど、それにしても、基本的には命令を待っているだけ。それ以外のことはなにもできない。こんなふうにしてみると、「コンピュータにはなにができるか」が、とてもはっきりするでしょう。ディスプレイがつながっていればこそ、コンピュータは画面になにかを表示できるわけだし、私たちもそれを見ることができる。でも、つながってなければそういう機能は使えない。

ソフトウェアを消していく

いまのはハードウェアを取り外していく話だった。コンピュータをいったん元の状態に組み立て直して、今度はみなさんが使ってるコンピュータのハードディスク（補助記憶装置）をまっさらにしてしまおう。つまり、ソフトウエアやデータを全部消してしまいます。いきなりフォーマット（初期化）してもいいのですが、様子を見るために、ちょっとずつ進めます。

まず、インストールしてあるソフトウェアをひとつずつアンインストール（削除）

する。メールソフトもワープロも表計算も動画再生ソフトもゲームもセキュリティソフトも、どんどんアンインストールしていく。どういう状態かわかるかな?

——できることがどんどん無くなっていっちゃいます。

そう、ソフトが消えるとともに、画像を加工できなくなり、文書を編集できなくなり、ウェブを閲覧できなくなり、辞書を引けなくなり、というふうに機能が消えていく。それから、そういう各種ソフトで使用する画像や文書や音楽のデータも、どんどん削除する。さあ、これでOS以外のソフトがなんにもなくなった。デスクトップも、久しぶりにまっさらできれい。背景画像もない。なんだか気持ちいいですね(笑)。

では、仕上げにフォーマットをかけてしまいましょう。つまり本当にハードディスクの中身をすべて消してしまう。さて、どうなる?

——もうなにもない。Windowsもなくなっちゃう。

Windowsもない。やったことありますか?

——ないです。

ゲーム開発をしていると、年がら年中、仕事で使うパソコンに、新しいソフトや新しいハードをつけたり外したりしますが、ときどきハードやソフトの相性が悪くて、うまく動かなくなることがある。そうすると、「ええい、いっそまっさらな状態から組み立て直そう!」と言って、いまみたいにハードを外したり、ハードディスクをフォーマットしたりするのです。

不思議なことに、それでうまく動くことがあるから困ります。いえ、結果的には困らないのですが、原因がわからないのでかえって気持ちが悪いのです。1日目の「機嫌」の話を思い出しますね。ときにはソフトをインストールする順序によって、うまく動いたり動かなかったりということもある。こうなると、食べ合わせと一緒で、もう経験則の世界です。

さて、完全にフォーマットが終わりました。荒涼とした世界へようこそ(笑)。

——ただの箱になるということですね。

そう。かつて「コンピュータ、ソフトなければただの箱」という、川柳《せんりゅう》がありましたが、まさに単なる箱になってしまうのです。

ソフトがなにも入ってないと、コンピュータはどうなるか。今回はあまり突っ込まなくていいことですが、実はそれでも動くように、「BIOS《バイオス》」(Basic Input / Output System の略)というソフトが、内蔵の電子回路に焼き込んである。他になにもなくても、これが動けばコンピュータと最低限度のやりとり(命令や応答)ができるという、サバイバルキットみたいなソフトです。

普通はそういうふうになっているから、ハードディスクがからっぽでOSがインストールされてなくても、一応動きます。でも、これが壊れてしまうと、ついに本当になにもできなくなっちゃう。これは極端な例ではありますが。

さて、先ほどこう言いました。「装置で提供されていないことはコンピュータにはできない」。そこで、ハードウェアをどんどん外してみたり、ソフトウェアを端から削除してみた。すると、ハードやソフトが外されていくつど、それらのハードやソフトが提供していた機能が失われていった。コンピュータを理解するときに、この感覚がとても大切だと思う。だから馬鹿馬鹿しいと思わずに、そこを噛みしめてくれたらうれしい。ハードとそれを使いこなすソフトがなにもなくなったら、コンピュータはなんにもできない。まず、これが大事なことなんです。

装置を追加する

では、今度はこれまでと逆の考え方をしてみよう。つまり、コンピュータは「装置で提供されていることはできる」。みなさんが、自分の用途に合わせて特殊なデバイス、特殊な装置を作っていくとします。

例えば、電子ピアノをコンピュータにつないで、演奏データをピアノに送ると自動で鳴るようにする。そうすると、そのコンピュータはピアノを演奏できるようになる。あるいは、コンピュータを体重計に接続してみたらどうかな。毎日お風呂上がりに体重を測る。するとデータがコンピュータに送り込まれて、「この1カ月こうなっています」と、グラフになる。任天堂のWiiというゲーム機にそんな装置とソフトがありますね。

あるいは、コンピュータに、島津製作所が作っているにおい識別装置を接続したらなにができるか。空気がこもったオフィスに置くと、コンピュータが「空気を入れ替えてください」と警告する。また、窓の開閉を電動式にして、それをコンピュータに接続しよう。それで、におい識別装置の結果によって、自動的に窓を開けて換気できる。部屋の空気が入れ替わって、におい識別装置が今度は「オーケー、窓を閉めてください」と言う。そういうマシーンが作れますね。以下同様です。

——コンピュータは、自分の外につながることができる。開放的なんですね。

その通り。

ハードウェアの限界

コンピュータにできること、できないことの限界はどこにあるか。いま見たように、ひとつの答えは、「装置にできること」です。

こういうハードウェアの話は、すごくシンプルに考えることができます。装置がなにもつながっていないコンピュータは、ただ命令を待つしかない。でも、ある機能を持った装置をコンピュータとつないで制御すれば、その機能を使えるようになる。

そして、装置の限界は、おおげさに言えば、人類の科学技術の限界です。例えば、パソコンにつなげて使う指紋認証装置は、いまではその辺で簡単に手に入るけど、一昔前なら小説か映画の世界の話だった。コンピュータが千変万化の道具だというのは、そういうことでもある。

では、ソフトウェアの限界はどこにあるか。これがわかりづらいのです。コンピュータの正体がわからなくなる原因は、たぶんこっちにあります。そのために次の設問、「なぜ1台のコンピュータでいろいろなことができてしまうか」を検討しよう。

さて、前回の終わりに、「記憶」がヒントだと言った。その話に入っていきます。

まず、「ソフトを入れ替えれば、いろいろなことができる」というのは、みなさん、わかりますね。ソフトウエアを新しくインストールすれば、新しいことができるようになる。では、それによってできることとできないことの境目は、どこにあるか。そのためにまず、単純な例で考えたい。

画像データの正体

ひとつは、「コンピュータの画面で、なぜ絵が出るのか」。例えば、画像ファイルを開いたりすると、写真や絵などの画像がディスプレイに表示されますね。それは一体どういう仕組みなのか。ようやくコンピュータの話らしくなってきた。

えーと。この絵を例にしよう(87ページ、図3)。

――うさぎですか?

そう。でも、見ようによってはあひるにも見えるという絵です。

――あ、ほんとだ。こっちがくちばしですね。

一種の騙《だま》し絵(トロンプ・ルイユ)みたいなものですね。一枚の絵なのに見方によって、うさぎとしても見えれば、あひるとしても見える。哲学者のウィトゲンシュタインが、著書の中でこの絵を使っていて、そちらの方面ではよく知られた絵のひとつでもあります。

さて、みなさん、画像データの正体って見たことありますか？

――全然ないです。「正体」って、数式の列みたいなもののこと？

――あっ、たまにある。ウェブ・ブラウザーで画像を開こうとして、画面に数字と記号の列がだっと並んじゃったり。

なにかの拍子でそうなることがありますね。

映画「マトリックス」を見た人は、あの中で、世界が数字の塊《かたまり》に見えてしまうという、でたらめな、でもひどくわかりやすい演出があったのを覚えてるかな。あれは要するに、コンピュータの世界は数字の羅列でしかないということを、わかりやすく表現しているわけ。「正体」は、数字の塊。それを、いまから一緒に見ていきます。

「バイナリエディタ」と呼ばれるソフトがある。これは、コンピュータで使っているいろいろなデータの正体を見るためのソフトです。「あひるうさぎ」の画像をバイナリエディタで見ると、こうなる（左ページ、図4）。

――アラビア数字とアルファベットが並んでいますね。

そう、これがさっき見た「あひるうさぎ」の画像の正体。と言われても困りますね。見てみると、アラビア数字とアルファベットがふたつずつ組みになって並んでるの

図-3 あひるうさぎの図

ADDRESS	00	01	02	03	04	05	06	07	08	09	0A	0B	0C	0D	0E	0F
00000000	89	50	4E	47	0D	0A	1A	0A	00	00	00	0D	49	48	44	52
00000010	00	00	03	FA	00	00	02	C6	08	00	00	00	00	D0	42	B5
00000020	1F	00	00	00	09	70	48	59	73	00	00	5C	46	00	00	5C
00000030	46	01	14	94	93	41	00	00	00	20	63	48	52	4D	00	00
00000040	7A	25	00	00	80	83	00	00	F9	FF	00	00	80	E9	00	00
00000050	75	30	00	00	EA	60	00	00	3A	98	00	00	17	6F	92	5F
00000060	C5	46	00	00	A7	B4	49	44	41	54	78	DA	EC	9D	77	60
00000070	9B	C5	F9	C7	BF	F7	EA	1D	92	25	79	C8	7B	C4	33	8E
00000080	9D	D8	19	64	92	01	99	04	08	33	65	95	3D	CB	6C	19
00000090	A5	85	B6	CC	16	4A	29	E5	47	19	2D	94	B2	67	D9	7B
000000A0	04	08	49	20	8B	EC	C4	59	1E	F1	8C	F7	D6	B2	F4	0E
000000B0	BD	F7	FB	43	92	2D	27	4E	88	13	CF	F8	3E	7E	80	F3

図-4 バイナリエディタで「あひるうさぎ」の画像を開いたところ

がわかります。アルファベットが入っているのは、データを16進数で表示しているからです。

16進法

16進数というのは、コンピュータの世界でよく使われる数え方です。普段よく使う10進数では、0から9まで数えたら、次は桁《けた》がひとつ繰り上がって10になる。これに対して16進数では、0から15まで数えたら桁がひとつ繰り上がる。ただし、10以降の表記は、10をA、11をB、12をC、13をD、14をE、15をFというふうに、アルファベット1文字に置き換える。それで0からFまで数えたら、桁がひとつ繰り上がって、次の数は10となる。以下、同じように11〜19、1A〜1Fと進んで、次は20。後は想像がつくかな。

――じゃ、このアルファベットは、Fまでしかないんですね。

そう。0から9までの数字と、AからFまでのアルファベットの組み合わせだけが、ここに並んでいます。

――ちょっといいですか？　16進数って、なんだかとても中途半端な感じがします。

2進法	10進法	16進法
0	0	0
1	1	1
1桁あがる → 10	2	2
11	3	3
100	4	4
101	5	5
110	6	6
111	7	7
1000	8	8
1001	9	9
1010	1桁あがる → 10	A
1011	11	B
1100	12	C
1101	13	D
1110	14	E
1111	15	F
10000	16	1桁あがる → 10
10001	17	11
10010	18	12
⋮	⋮	⋮
11111111	255	FF

図-5 2進法、10進法、16進法

2進法は1の次、10進法は9の次、16進法は15の次で桁の繰り上がりが生じる。16進法では、10～15を1桁で表記するために、アルファベットのA～Fを使用する。2進数の4桁（1111）を、ちょうど、16進数の1桁（F）で扱えることに注意。

確かに（笑）。いかにも切りが悪いですね。でもこれがとても便利なのです。

実はコンピュータは、データ、つまり文字とか数字とか画像とか音楽といった各種データやプログラムを、全部0と1というふたつの数字の組み合わせで取り扱っている。つまり、2進数です。

だから、いま見せた画像も、本当は2進数、つまり0と1でできている。でも、0と1をだらだら並べると、人間にとっては見づらくてしょうがない。だから、見やすいように、16進数に変換して表示してるわけです。

それでさっきの質問への答えにつながるんだけど、では、なんでわざわざ16進数なのかというと、2進数の数を扱うときに便利だから。つまり、2進数の数を4つまとめて16進数の数1個として扱えるので、書くときの手間を省けます（前ページ、図5）。

数字の塊はどこにある？

まずはこの数字の塊《かたまり》が、先ほどの絵の正体なんだ、とイメージしてみてください。私たちが画像として見ているものは、数字の塊にすぎないのです。

では、次の問題。この数字の塊は、コンピュータのどこにあるだろう？　いまは画面に表示されてるけど、この数字の塊が画面（ディスプレイ）に保存されているわけではない。ここで、前回予告した「記憶」が問題になってくる。コンピュータという装置では、記憶がとても重要だと言いましたね。

先ほど見た絵だけでなく、音とか文章とか映像とか、みなさんが書いたメールや文書など、あれはどこにしまってありますか。

——USBメモリとか。

——ハードディスク。

そう。USBメモリやハードディスク。他にも、CDやDVD、古くはフロッピーディスクやMOなどもあります。記憶する装置や媒体は、それこそいろんな種類がある。ここではとりあえず、ひとまとめにして「記憶領域」と呼んでおこう。ともかく、コンピュータはデータを記憶領域に記憶する、という要点だけ押さえておいて。

ではみなさん、記憶領域になにかが入ってるというのは、どんなイメージですか？

——うーん。ノートみたいな場所があって、書いておく、って感じかな。コンピュータがときどき「メモリが足りません」っていうのは、「ノートがいっぱいになっちゃった」という感じです。

なるほど、そのイメージは近い。記憶領域の中がどんなふうになってるか、ちょっと図にしてみましょう。

適当に描くけど、こうなっています（下図）。これは別にハードディスクでもUSBメモリでも、CDでもなんでも構いません。コンピュータで記憶するという場合、その中身を、このように捉《とら》えるとわかりやすくなる。プログラマーも、こんな図を描いて考えたりします。つまり、マス目に区切った状態ですね。もっとも、CDの裏側をいくら凝視しても、こういうマス目は見えません（笑）。理解のためのモデル図だと考えておいてください。

さて、コンピュータは、なにかデータを記憶するときに、記憶領域のマス目に0か1かを入れていっている。方眼用紙の1マスごとに0か1を書き込んでるところを想像してみてもいいです。

このイメージはわきますか。

——はい。

そうすると、これで一応、ある量（長さ）のデータを保

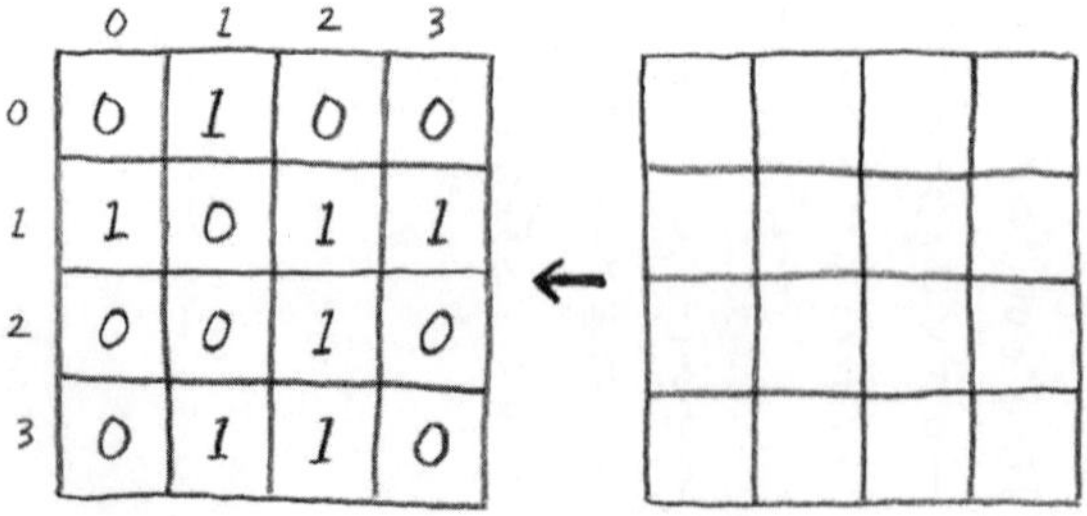

図-6 記憶領域のマス目（概念図）

存しておけますね。でも、このままだと、なにがどこにあるのかわからない。そこで、記憶領域の位置を区別できるように、マス目に数字を振ってある。「アドレス」って言うんだけど、まさに住所みたいなものです。

1マスは1ビット

先に見せた絵のデータも、こういうふうに、記憶領域のあるアドレスにひとつずつ、0と1がしまわれています。このマス目ひとつがデータの最小の単位なのですね。これを1ビット（bit）と数えます。

bitというのは、binary digitを省略した言葉で、binaryは「2進法」。digitは、「デジタルな数字」という意味。「ディジタル」は、もともとラテン語の「指（digitus）」から来ていて、「指折り数えられる」ということ。つまり、ビットとは、指折り数えられる2進数というわけ。ビット数が多いほど、たくさんのデータを記憶できる。

――CDやDVDなんかでは、記憶できる容量が「4・7ギガバイト」と書いてあるのを見かけますが、バイトとは違うんですか？

バイトというのも、コンピュータでデータ量を数える単位ですね。いくつかのビットをまとめて1バイトと呼ぶ。喩《たと》えるなら、アメリカのお金で、100セントが1ドルという感じです。普通は8ビットを1バイトとすることが多い。

――8ビットじゃなくてもいいんですか？

ええ。これもお約束みたいなものだから、自分は5ビットを1バイトとして扱って、プログラムを作るという人がいたって構わない。ただ、8ビットを1バイトとすることが多いので、特別な狙《ねら》いがなければ8ビット＝1バイトとしておけばいい。

こんなふうに、コンピュータに関する言葉は、英語をそのままカタカナに写して済ませているものがたくさんある。これは一種の翻訳放棄で、そのままじゃ意味不明なことが多いですね。私のおすすめは、意味不明のカタカナ語に遭遇《そうぐう》したら、わかった気にならないで、元の意味を辿《たど》ってみること。そうすると、カタカナの音だけではわからない具体的なイメージをつかめることが少なくありません。

では、バイト（byte）はなにかと調べてみると、これはどうもbiteという言葉に由来しているらしい。biteというのは、「齧むこと」で、そこから齧《かじ》り取ったひとかけらという意味も出てくる。ひとかけら、ひとまとまりのビットという感じですね。

この講義では、1バイト＝8ビットとしておきましょう。

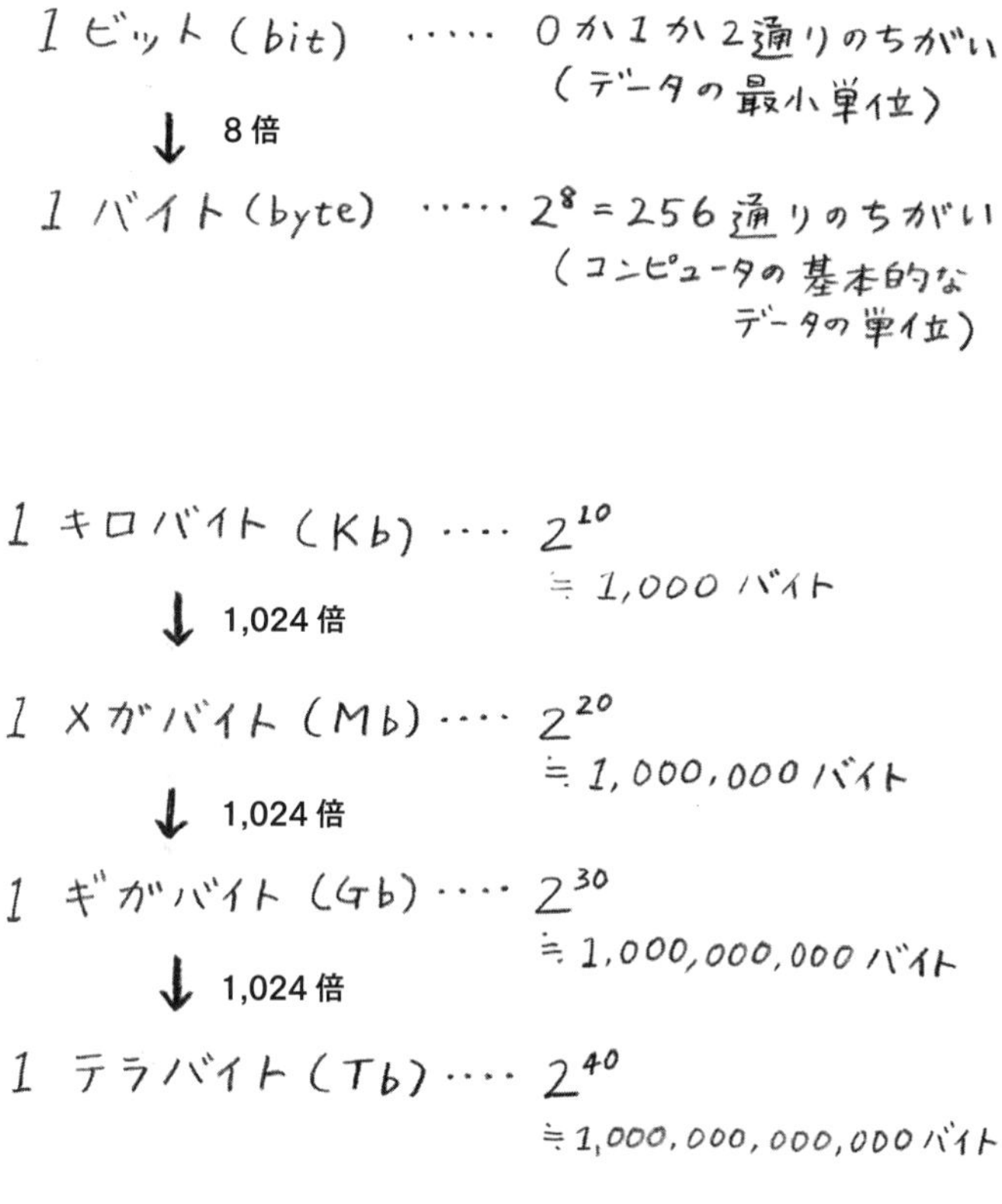

図-7 コンピュータのデータの単位

慣習的に1バイト＝8ビット。キロ、メガ、ギガ、テラと単位が上がるごとに、約1,000倍される（正確には2の10乗＝1,024倍）。テラの後の接頭辞は、ペタ、エクサ、ゼタ、ヨタと続く。

数字の塊をディスプレイに送る

さて、画像の正体は2進数のデータでした。ここまでイメージできたら、次の問題は、一体どうしたらこの記憶領域の中身が、ディスプレイに表示されるかということ。だって、記憶しているだけでは、棚に置かれたDVDと同じで、本当に画像があるのかないのかさえわからないですね。

――まさに潜在している。

そう。DVDは、パッケージから取り出して、ディスクを再生装置に入れると再生される。では、コンピュータの画像はどうか。

記憶領域にあるデータを、ディスプレイに表示するには、「記憶領域のここからここまでに入ってるデータを、ディスプレイに表示してね」と、コンピュータに命令する。コンピュータではよく「アウトプット」「出力」と言います。記憶領域にしまわれてるデータを、ある装置に向かって送り出してください、ということ。

そこで、先ほど見た数字の塊をディスプレイに向かって送り出せば、絵として表示されるわけです。同じように、記憶領域にあるデータを、スピーカー（音を処理する装置）に向かって送り出せば、音が鳴る。プリンターに送れば印刷される。以下同様。

「あひるうさぎ」の画像を、音で聴く

では、ここで実験です。先ほどの「あひるうさぎ」の画像データを、スピーカーに向かって出してしまおう。どうなると思いますか？

――考えたこともない。

――そんなことできるんですか。普通は、「拡張子《かくちょうし》」っていう、ファイルの種類を示す記号がついてて、画像ファイルは音楽プレーヤーでは開けないようになってますよね。

「ファイル」というのは、コンピュータでデータを取り扱うときのまとまりのことでしたね。本当は、別にファイルなんてものを作らなくても、記憶領域にだーっとデータを並べておけばよさそうなものです。だけど、それだと人間にはわかりづらい。そこで、データをファイルというまとまりとして扱うのでした。コンピュータでは、ファイルやページや文書やデスクトップなど、コンピュータ以前の文物の喩《たと》えをたくさん使っていますね。

――結局、人間がそれまで使ってきた道具の延長上でデザインされてる。

そう。なぜかウェブも「ページ」という書物みたいな単位で数えます。

さて、画像ならひとつの画像をひとつのファイルにする。文書ならひとつの文書を

ひとつのファイルにする。これは3日目（5章）の話題になるけど、プログラムも同じようにひとつのファイルとして扱う。

ファイルには、自分で名前をつけられますね。「コンピュータのひみつ.txt」「duckrabbit.png」というふうに。これにしても、要は人間が覚えやすいように名前をつけてるわけです。ほんとは淡々《たんたん》と番号で済ませたっていいはずだけど、それだと人間が後でわからなくなるから、記憶しやすいように名前で分類を施《ほどこ》している。こう考えると、コンピュータとは、単に機械的ななにかではなくて、それを使う人間の知能や記憶のあり方と深く関係していることも見えてくる。

ただし、いろんなファイルがあると、どれがなんだかわからなくなるから、いま言ってくれた「拡張子」というルールが用意されている。ファイル名の後ろに「.txt」とつければ、「このファイルは、テキストとして扱ってくださいね」という意味を持つ。同じように、「.jpeg」や「.png」なら画像、「.mp3」なら音声、と決まってる。だから、さっきの画像ファイル（duckrabbit.png）は、そのままでは音として流せない。ＯＳの設定によっては、拡張子はユーザーに見えないようになっていることもあります。

では、いよいよ画像を音として聴いてみることにしよう。まずは聴いてみてください。これがいま見た「あひるうさぎ」の絵を、音にしたもの。

サー――（ノイズ音）

どうですか。あひるっぽい音やうさぎらしい音が聴こえたかな。

――ただのノイズです（笑）。

――絵を聴くなんて、はじめて体験した。

こんなふうに音にしてしまったわけですが、データ自体は、さっき見た絵と基本的に同じものです。

絵として見るか、音として聴くか

同じ数字の塊を、画像閲覧ソフトに渡せば、絵として表示してくれる。バイナリエディタに渡すと、数字の羅列として表示される。ちょっと加工して音楽プレーヤーに渡すと、音として流れる。今日は準備してこなかったけど、その気になれば、同じデータを動画として観ることもできる。たぶん砂嵐になるけど。

先に、コンピュータにできることは、ハードにできる、装置にできることだと言った。では、コンピュータに香りを作る装置がつながっているとして、もしそこにこの絵のデータを渡したら、香りとして出すはず。ロボットアームに渡したら、ロボットアームの動きとして、このデータを使うはず。言いたいこと、だんだんわかってきましたか。

——同じデータなのに、渡す装置によって別のものとして扱われる。

そう。ところで「データ」(data)って、とても含蓄《がんちく》のある言葉だと思う。datumという言葉の複数形で、ラテン語のdatum / dataをそのまま英語に持ってきた語。もともとの意味は「与えられたもの」。

データとは、与えられたもので、それ以上じゃない。与えられたものを、絵として見るのか、16進数として見るのか、はたまた音として聴くのか、香りとして処理するのか。こんなふうに、記憶領域にあるデータを「どの装置に向かって手渡して、なにとして扱うのか」がミソなのです。

それによって、実体は同じひとつのデータなのに、いろいろなことに「転用」される。「変身」しちゃう。

まずは、この仕組みをうまくイメージできたかな?

——そうすると、もともと音声のデータだったのを、逆に絵として見ることも。

もちろん、できます。

絵をどうやって音にしたか

ちょっと細かい話になるけど、絵をどうやって音にしたかを話しておこう。

こういうデータでは、実はファイルの最初のほうに、「ヘッダー」という特別なデータがついている。「この後に続くデータは、こういう形式で扱われることを想定したデータです」「これは音です。サンプリングレート（音をディジタル化する際の細かさ）がこのくらいの音なんです」というふうに。宅配便の荷物につける送り状に、内容の分類とかサイズとか届け先といったことを書いておくのを連想してもいい。

さて、一口に画像といっても、いろいろな形式がありますね。jpeg《ジェイペグ》もあれば、bmp《ビットマップ》もあれば、png《ピング》など、他にもいろんな種類がある。そこでお互いに区別するために、「これはpngのファイルです。サイズは横が１００ドット、縦が３００ドットで、色は２５６色です」というふうに、ヘッダーに書いてある。

だから、簡単に言うと、データのうち、ヘッダーの部分を「これは音声ファイルです」と書き換えてしまえば、絵を音として聴けるようになる。さっき見せたバイナリエディタというソフトを使います。あの音声ファイルはそうやって作った。

数字を絵にする

――ちょっといいですか。jpeg とか png の絵がどうやって数字になるのか、いまいちわからなかったのですが。

そこは話していませんでした。ひとつ例がわかると、後は想像がつくと思うので、話しておきましょう。

いまは話を簡単にするために、jpeg や png といった形式とは別に、単純な例を考えてみます。というのも、jpeg や png といった形式の画像では、データに圧縮をかけているので、少しややこしいのです。「圧縮」というのは、コンピュータで扱うデータを、なるべく小さくしたいという発想から考えられた技術です。ここでは深入りしないけど、いろんな数理的手法を使って、データを小さく畳《たた》み込んでしまいます。この話だけで一冊本ができるくらい、さまざまなやり方が工夫されている。

さて、画像がどうして数字になるのかという話でした。ここでは、解像度がとても粗《あら》いディスプレイにしておこう。画面に16個しか点がない。しかも、モノクロです。

ちなみに、みなさんが使ってるパソコンのディスプレイには、表示できる解像度に上限があって、これを最大解像度と言ったりします。例えば、1280 × 768 とか、

2560 × 2048というふうに、横と縦に最大でどのくらいの点が並ぶかということです。ディスプレイでは、この点のひとつひとつがいろんな色に光ることで、全体として画像を表示しています。ジョルジュ・スーラの点描画というのがあるけど、ああいうのを連想してくれてもいいかも。コンピュータの画面は、点の集合体なのです。

記憶領域も粗めに描いておきます。話をわかりやすくする都合上、記憶領域も4×4マスの形にしておきますね。

この数字がどうしたら絵になるか。一番単純な話は、この記憶領域にあるデータ1個、つまり1マス分が、ディスプレイの点1個に対応する場合です。データが「0」なら、ディスプレイに出すときは「黒」として表示する。「1」なら「白」として表示する。

そうすると、こうなります（図8）。

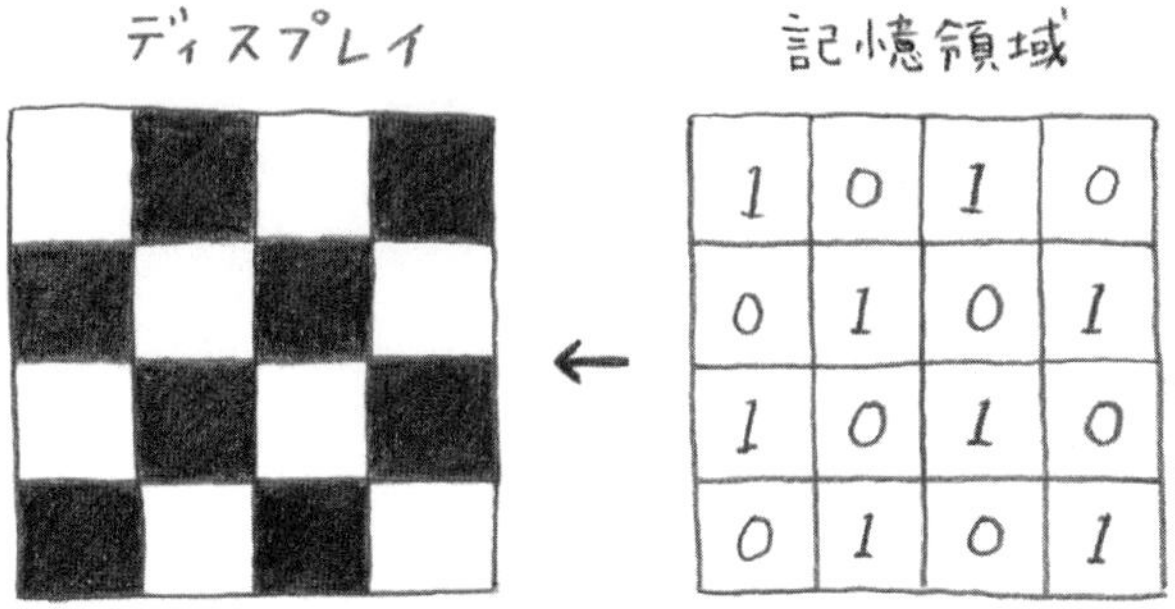

図-8 数字を絵にする

データが「0」なら「黒」、「1」なら「白」で表示する場合。

これは最も単純な仕組みです。この点を増やして、色をいろいろ指定すれば、絵になるのはわかりますね。昔、「スペースインベーダー」というゲームがあったけど、色が2色しかなくて、まさにこんな感じでした。

いま、記憶領域のひとつの場所は、0か1のどちらかです。では、この1マス、つまり1ビットで表現できる色は、何色でしたか?

――2色。

その通り。0=黒か1=白かだから、2色です。では、色数を増やしたかったらどうするか。いま確認したように、1ビット(1マス)の情報では2色しか表現できない。それなら、2マス1組で考えちゃおう。つまり2ビットで、ディスプレイの点1個分の色を表すとしよう。そうすると、何通りの色が表現できますか? 急に数学の問題みたいになるけど。

――4通り。0と0、0と1、1と0、1と1、の4通り。

そうですね。データを2マス(2ビット)ずつ使えば、点ひとつについて最大4色を表現できるようになる。

もっと色数を増やしたい? それなら、3ビット使えばいい。3マスでは何通りの違いを作れるか。「0か1か」という2通りのものが、3マスあるわけです。素直に考えるなら、さっきみたいに全部の場合を並べてみればいい。「0と0と0」「0と0と1」……「1と1と1」というふうに。手を抜きたい人は、計算で求められる。この場合は、2の3乗を計算すればいい。つまり、2を3回掛けるから8通り。3ビット使うと8色を区別できることになる。後はこれを増やしていけば、どんどん色数を増やせるというわけです。

――ヘッダーのところに、「このデータは3ビット1組です。8色使ってます」と書いておかないと。

そう。おかしなことになる。そこが合っていないと、同じデータでも、色や大きさが全然でたらめになってしまう。

――「この数字にはこの色」っていうルールは決まってるんですか?

それはいい質問です。さっきの例では、「0は黒で、1は白」と言った。でもこれは、別に逆でも構わない。「0は白で、1は黒」としたっていいんです。実を言うと、さっき説明したようなタイプの画像データには、別途色を指定するデータがある。そういうデータを「カラーパレット」と呼んだりします。要するに「0は白」「1は黒」という対応関係を示したものです。だから、このカラーパレットを変えてしまえば、「同じ」画像でも、色が変わって見えるわけです。

例えば、いまの16個の点（ドット）の画像データで、「0をピンク」「1を青」としたら、どうなるかイメージしてみてください。

――アンディ・ウォーホルの「マリリン・モンロー」みたいな色違いができそう。

あ、そうそう。同じ画像の色違いを並べた作品がありました。ああいう感じで、カラーパレットを変えれば、同じ絵も色が変えられるわけです。これはPhotoshopとか、画像処理ソフトを使うといろいろ試せます。ああいったソフトでは、絵を描いたり、写真を加工したりすると、ソフトウエアが画像に含まれている色を調べて、自動的にカラーパレットを作ってくれる。だから、そのカラーパレットをいじれば、あっという間にウォーホル風の画像もできます。

もっとも、画像データをどう表示するかということだけでも、他にもいろんなやり方が工夫されています。いま話したのはその基本となる考え方。ここまでの話がわかると、他のやり方も理解しやすいはず。画像の他にも、色や音、スピードや傾きをどうやって数字にしているのか、もし興味があったら調べてみると面白いかも。

さて、今日の話で、ぜひ頭に思い描いてほしいことを、いったんまとめておきます。コンピュータがなにをしているかというと、ポイントはふたつ。①データを記憶している。②記憶領域にあるデータを、Xとして扱う（X＝画像とか音声とか）。つまり、ある装置に送り出す――これがコンピュータのしていることです。

ところで、ここまでの話はもっぱら、出力《アウトプット》のことだった。でも、コンピュータがすることは、出力だけではありませんね。みなさんはコンピュータに向かって、なにか入力《インプット》する。今日の後半は、これを、記憶の観点から整理していきましょう。

④ 私たちは記憶をいじっている

入力はどうなっている？

では、「入力」はどういう仕組みになっているか見てみましょう。ここでは、Wordを使ってみます。さて、Wordを起動しました。

ところで、コンピュータがわかりづらい原因のひとつは、最初にも話したように、ここからできることがあまりにも多すぎること。しかもなにをどうするか、一定の手順がない。よく言えば自由、悪く言えば放置。機能はいろいろ取り揃えてあるから、後は良きに計《はか》らえということですね。

——使い慣れてるソフトでも、どこになにがあったっけと、迷うことがあります。

私もです。まずメニューにいろんなコマンドが並んでいますね。慣れないうちは、この時点で嫌になっちゃう（笑）。「できること」がこんなにたくさん、たぶん100近いコマンドが用意されている。

それどころか、頼んでもいないのにWordが勝手にやってくれることもある。例えば、「文章校正機能」というのがあって、「あなたの文章はここがヘンです」と勝手に赤線を引いて教えてくれます。でも、いわゆる「標準語」と英語以外は認識されないので、明治時代の文章やフランス語などを扱ってると、画面中真っ赤にされてしまいます。腹立たしいので、Wordをインストールしたらまっ先にこの機能を解除します（笑）。

さて、では文字を打ち込んでみます。「こんにちは」と。この文字はどこにある？もちろんディスプレイにあるんだけど、表示のレベルではなくて、本当はどこにあるのかな。

――記憶領域。さっきの、グリッド状の。

その通り。実感としては、キーボードから入力すると、ほとんど瞬間的にディスプレイにその文字が表示される。だから、あたかもキーボードとディスプレイが直結しているように感じますね。でも、ときどき変な感じがすることはありませんか？

――あります。原因はわからないけど、キーを入力してもすぐに反応がなくて、「あれ？」と思っていると、ちょっと間を置いて文字が表示されたり。

――たまに、入力したと思ったのに受け付けてもらえてないこともあった。

無視されたと思ってもう一度入力したら、ちょっと遅れて2回分表示されるとか、いろいろありますね。普段は問題なく動いているものが不調になると、はじめてその存在が意識される、というのは、健康状態と似てる。例えば、靴擦《くつず》れでかかとをすりむいたりすると、歩くたびにかかとがじんじん痛む。その痛みを嚙《か》みしめつつ、「ああ、日頃はかかとのことなんてまったく意識してないんだな」と思う。コンピュータも、日頃問題なく動いていればいるほど、いざ問題が生じたときに、ぎょっとしますね。

キー入力の結果が、なんらかの原因で遅れて表示されたり、受け付けてもらえないことがあると、キーボードはディスプレイと直結してないらしいことが垣間見える。では、どうなっているか。さっき言ってくれたように、やはり記憶領域が関係しているのです。このことを少し詳しく話そう。これが今日の後半のポイントです。

「K」を記憶領域にしまうには？

まずは、大まかにイメージをつかみましょう。みなさんがキーを押すと、押されたキーに対応するデータが記憶領域に記憶される。その後はもう大丈夫かな。

――記憶領域に記憶されたデータが、ディスプレイに送られて、表示される。

そう、ここまでの話の応用篇ですね。まず、この大まかなイメージを思い描いてみてください。詳細に入る前に、全体の地図を念頭に置いてみることがいつでも大切です。これを省くと、森の奥深くに迷い込んで、森全体の姿がわからなくなります。

そうすると、次の問題は、私たちが入力したキーの内容は、どんなふうに記憶領域に記憶されるのかということ。例えば、キーボードから「K」を押すとする。これは、そのまま記憶領域に記録できるかな。

——できる……る？

ほんと？

——記憶領域には、0か1だけが入るんじゃなかったっけ。

そうでした。「K」は0でも1でもないから、そのままじゃ記憶領域にしまえそうもありませんね。さて、困った。どうしたらいいかな。なにかアイディアはある？

——Kを0と1で表現しちゃう。

いいね。でも、どうやって？

——うーん。

——あひるうさぎの画像のときみたいにしたらどうかな。

お、ということは、「K」という文字を……

——0と1で画像にする。

なるほど、考えましたね。キーボードで「K」を押すと、「K」を0と1で表現した画像データが記憶領域に記憶される、ということかな。考え方としては、とてもいいです。そうすれば、記憶領域にあるデータをそのままディスプレイに送り出して、

「K」という文字を表示できますよね。

そのやり方、けっして悪くないんだけど、入力した文字が多くなってきたらどうなるだろう。ここで考えておきたいのは、記憶領域にデータを入れたり、そこから別の装置に送り出したりするのには、時間がかかるということです。もちろん、場所も取る。

――ファイルが大きくなると、ハードディスクに保存するとき、ちょっと時間がかかる。

それそれ。ハードディスクやUSBメモリに大きめのファイルをコピーすると、待たされますね。つまり、記憶領域を操作するのにも、ちゃんと時間がかかります。

そうすると、記憶領域に対して記憶させるデータが多くなればなるほど、時間がかかるのはイメージできますか。

――はい。

そして、できれば待ちたくないですね。それこそ、初日に話したカセットテープじゃないけど、データを保存するのにいちいち30分もかかってたら、困ってしまう。そこで、ソフトを作るプログラマーは、コンピュータで同じことを実現するならなるべく手短にしたいと考える。

――ユーザーもそのほうがありがたいです。

そうすると、先ほどの、入力した文字を全部画像として記憶領域に記憶していくという方法、発想はいいんだけれど、扱うデータはどうか。仮に、1文字が32×32の2色の点の集合で描かれるとしたら、1文字を表すのに1,024の点が必要になる。

つまり、1文字当たり1,024ビットというデータが必要になる。例えばこれが10万文字あるとしたら、1,024×10万で、102,400,000ビット。漢数字で言い直すと、1億ビット以上。言ってる私もうまくイメージできないけど、これが小さい数字でないことはわかりますね。哲学者のデカルトが、千角形って理解はできても、具体的にイメージできないとどこかで言ってた。人間にとって大きな数は完全に抽象物ですね。

——すごい量に聞こえる。

では、もっと手間を省ける方法はないものか。つまり、扱うデータをもっと小さくする方法はないか。実はそれがあるんです。

符号化

キーボードから入力された文字を記憶領域に入れるとき、どうしたらもっと手を抜けるか。

——(笑)。

いやいや、笑いごとじゃないのです（笑）。もの思うプログラマーは、みんないつでも上手に手を抜くことを考えるんですよ。手抜きというと聞こえが悪いけど、やることはむしろきっちりやる。でも、結果的にできあがったプログラムは、できるだけコンパクトで、きびきび動くのをよしとする。もちろん、間違いがないものを目指す。これほんと。そのために、文字の入力では「符号化《ふごうか》」という考え方を使う。英語では、coding method なんて言います。

簡単に言うと、人がコンピュータで入力したい文字全部に番号を振ってしまえという発想です。例えば、「あ」は1番、「い」は2番、「う」は3番……という具合。

——文字を番号で区別するということですか？

そうそう。学校で学生を識別するのに学籍番号をつけたりしますね。あんなふうに、1文字ずつ区別するための番号をつけてしまうわけです。

——文字の数を考えると気が遠くなります。

日本語は特にそうですね。ひらがな、カタカナに加えて、漢字がある。常用漢字だけでも約2000文字。

ではここで問題。英語だったら番号がいくつあれば足りそうですか？

——えーと、英語のアルファベットは26文字。

——大文字と小文字があるから合わせて52文字で、数字が10個だから、62かな。

そう、そんな感じ。まあ、ピリオドやらカンマやらコロンやらと、いくつかの記号を入れても100もあれば足りそうですね。

——この番号って、カラーパレットみたいに自分でつけていいんですか？

——さすがにそれはまずいんじゃない？

ある意味で、どちらも正しい。場合によっては自分で番号を振ってしまったって構わない。例えば、自分で必要な文字全部に番号を振って、自分のコンピュータだけでそれを使う分には困りません。

ついでに言うと、いまではレディメイド、つまり既成の仕組みやソフトが溢《あふ》れているから、コンピュータといえば、まるでそうした既成物を使うことだという気になってしまうかもしれない。でも、コンピュータをどう使うかは基本自由です。自分に必要なソフトがあれば、勝手に作っていいし、その際、いろんな規則を自分で決めて構わない。もっと言えば、ＯＳから自作したっていい。

とはいえ、多くの人にとって、それは手間がかかりすぎることだから、誰かが作っておいてくれた既存のものを使って済ませるわけですね。でも、あんまりそれに慣れてしまうと、本来自由なはずの使い方がわからなくなる。たまにはこういう本を読んで思い出すのも悪くないかも（笑）。

さて、自分だけの符号を自由に作ると問題が起きることがある。それは、自分のコンピュータで作った文書を、他の人のコンピュータで見る場合です。

符号化というのは、喩《たと》えて言えば暗号化。つまり、アルファベットで書かれた文章を、例えば、"44 63 10 22 63 10 63 12 10 29 62"と数字で置き換えるようなものです。

——その数字は……

私が勝手に規則を作ってみました。ミステリが好きな人なら、エドガー・アラン・ポーの『黄金虫』とか、江戸川乱歩の『二銭銅貨』に出てくる暗号を連想するかも。

私が自分のコンピュータで、右のようにアルファベットを符号化しているとする。そのコンピュータには、アルファベットと数字（符号）の対応関係をつけるための、言わば暗号読解表が入っている。だから、その表を使って解読すれば、右の数字の列は、"I am a cat."と文字として表示できる。

でも、この文字と数字（符号）の対応表が入ってないコンピュータで、右の数字の列を表示しようとしたらどうなると思いますか？

——なにが表示されるかはわからないが、少なくとも"I am a cat."とはならない。

その通りです。私が自分のコンピュータだけで、自分独自の符号化をしているうちは問題ない。でも、その符号の規則を使って作成した文書を、他のコンピュータで表示しようとしたときに、おかしなことになってしまうのです。

暗号読解表

では、質問。右のように私が作った文書を、他のコンピュータでも正しく表示するにはどうしたらいいと思う?

――文書だけもらっても、そのままじゃ元に戻せない。ということは……

――山本さんが作った文書と一緒に、暗号読解表ももらう。

そういうこと。さらに、お互いにばらばらの暗号読解表を使わないで、最初からみんなで同じ暗号読解表を共有すれば、どのコンピュータで作った文書でも、他のコンピュータで問題なく見られるようになりますね。こういうのを「標準化」と言ったりする。喩えるなら、みんな話す言葉がばらばらで、バベルの塔みたいだとやりとりに困るから、同じ言葉で話しましょうよということですね。

というわけで、現に私たちが使っているコンピュータでは、いくつかの暗号読解表を共有している。いま「暗号読解表」と言っておいたけど、普通こういう表のことを

「文字コード表」と呼びます。

では、ここで整理しておこう。もとはといえば、キーボードから入力した文字が、どんなふうにして、ディスプレイに表示されるのかという話だった。キーを押すと、そのことが記憶領域に記憶される。例えば、「K」が入力されたらなにが記憶されるか。これが目下の問題だった。

以上の話からわかってきたかもしれないけど、記憶領域に記憶されるのは、文字の画像ではない。実は、「文字コードの何番目が押されたか」という番号、つまり符号を記憶してるのです。

例えば、「K」は75番目の数字だとする。75という10進数は、2進数にすると01001011。これが記憶領域に記憶されるというわけです。人間がこれを眺めるときは、16進数にすることが多いけど、そうすると4Bとなる。

ほんとにそうなってるかどうか見てみよう。いま、「K」という1文字だけ書いた文書ファイルを作ってみる。ファイル名はなんでもいいので、test.txtとしておきます。これをバイナリエディタで覗《のぞ》いてみよう。

――あ、4B。

というわけです。これが「K」という文字の正体。

——ともかく、画像でも文字でも、数字にしてしまう。

その通り。ここを単に考え方としてだけでなく、いまみたいに実感できると、コンピュータのことがまた少しわかってくる。

このやり方のいいところは、入力された文字を全部画像として記憶するよりも、必要なデータ量がうんと小さくなること。だってほら、いま見たように「K」という1文字を記憶するのに必要なデータの量は、「4B」だったから、16進数でたったの2桁《けた》分です。これは、2進数に変換すると8ビット。これなら、仮に10万文字書いても、8×10万で、80万ビット。先ほどの1億ビット以上に比べると、文字通り桁違いですね。

こうして記憶領域に記憶されたデータが、ディスプレイに送られるわけなんだけど、話を進める前に、ここまでのところでなにか気になるところはありますか？

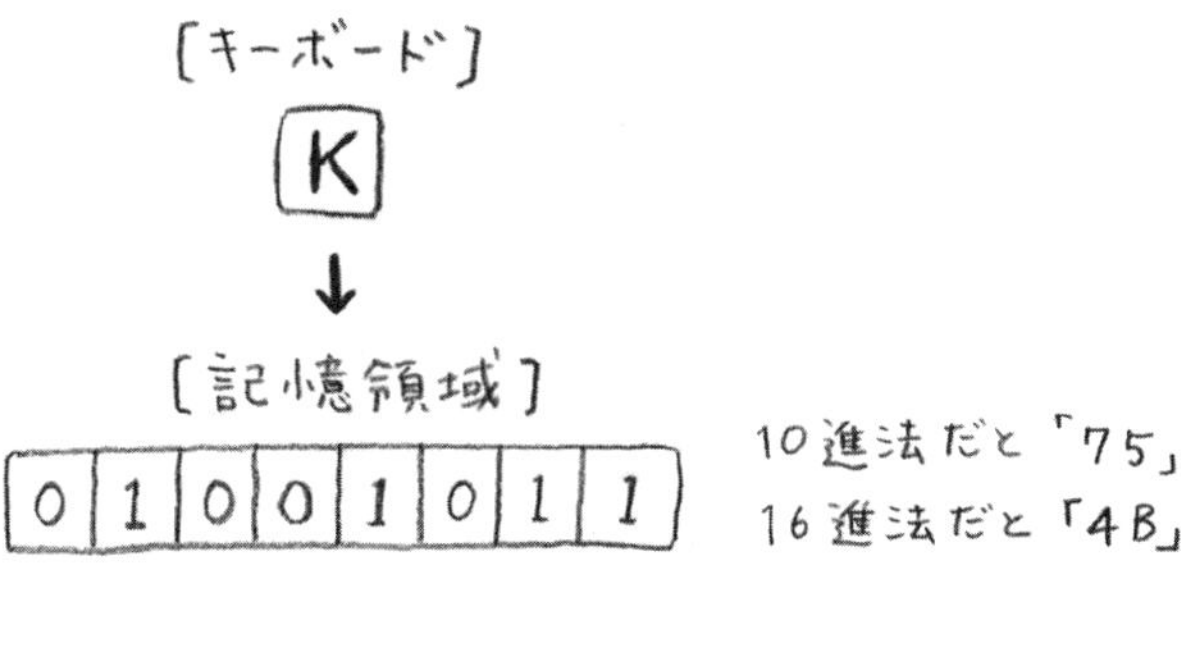

図-9「K」を数字にする

さまざまな文字コード

――文字コード表というのは、何種類もありますよね。

――JISコードやUnicodeとか。

――アスキーコードも。

そう、これまたややこしいことに文字コード表というのは、ひとつではありません。いくつもあって、しかも、それが歴史的に変遷してきている。というのも、文化や人によって、使う言語も違うからです。

今日は、いろいろある文字コードの中でも、最も基本的なものを見てみます。ここにアスキーのコード表があるから見てください（図10）。

アスキーというのは、正式名称をAmerican Standard Code for Information Interchangeといって、この頭文字をとって、ASCIIと書く。試しに訳すと、「情報交換のためのアメリカ式標準符号」かな。１９６０年代にアメリカで作られたらしい。名称の中にCode《コード》という言葉が入っているから、アスキーコードと言うと、「馬から落ちて落馬した」、「冗語になるので注意してください。

表を見るとわかるように、数字や大小のアルファベットだけじゃなくて、制御文字

	0	1	2	3	4	5	6	7
0	NUL	DLE	SP	0	@	P	`	p
1	SOH	DC1	!	1	A	Q	a	q
2	STX	DC2	"	2	B	R	b	r
3	ETX	DC3	#	3	C	S	c	s
4	EOT	DC4	$	4	D	T	d	t
5	ENQ	NAK	%	5	E	U	e	u
6	ACK	SYN	&	6	F	V	f	v
7	BEL	ETB	'	7	G	W	g	w
8	BS	CAN	(	8	H	X	h	x
9	HT	EM	)	9	I	Y	i	y
A	LF	SUB	*	:	J	Z	j	z
B	VT	ESC	+	;	K	[	k	{
C	FF	IS4	,	<	L	\	l	|
D	CR	IS3	-	=	M	]	m	}
E	SO	IS2	.	>	N	^	n	~
F	SI	IS1	/	?	O	_	o	DEL

図-10 アスキーの文字コード表

アスキーでは、文字を 7 ビットの符号で置き換える。ただし、2 進数では煩雑になるため、ここでは 16 進数で表記する。7 ビットのうち、最初の 3 ビット（16 進数で 0 ～ 7）を横軸に、残りの 4 ビット（16 進数で 0 ～ F）を縦軸に示した。

例えば、16 進数で「4B」なら、横軸の「4」と、縦軸の「B」が交差するところを見ると、「4B」に該当するアルファベットは「K」だとわかる。00 ～ 1F は、表示する文字ではなく、空白や、改行、タブなどを示す制御文字に当てられている。

と呼ばれる特殊な文字も入ってる。これは、普通画面に表示されない「改行」（キーボードで言えば「Enter」キー）などに対応するもの。

では、試しに英語で書いた文書を使って、中身を見ておこう。"I am a cat."とだけ書いたテキストファイルを、バイナリエディタで開くと、こんなふうに見える（図11）。

どうかな。"49 20 61 6D 20 61 20 63 61 74 2E"と表示されていますね。

――16進数。

そう。123ページのアスキーの表と見比べると、16進数で49番目には大文字のIがあることがわかる。この表は2桁の16進数に対応しています。16進数を仮にXYと書くと、Xを横方向にYを縦方向にとっている。だから、「49」なら横方向の「4」と縦方向の「9」が交差したところを見ます。「I」とありますね。つぎの20はスペース（アスキー表ではSP。空白を示す）。以下、同様に表と見比べてみてね。

――ほんとだ。対応してる。

――でも、これってアルファベットだけですね。漢字はない。

――しかも、フランス語で使うアクサン（á à â など）とか、ドイツ語

ADDRESS	00	01	02	03	04	05	06	07	08	09	0A	0B	0C	0D	0E	0F
00000000	49	20	61	6D	20	61	20	63	61	74	2E					

図-11 バイナリエディタで"I am a cat."を開いたところ

のウムラウト（ä ë ü など）は見当たらない。

あ、やっぱり気になりますか（笑）。

なにしろアスキーは、アメリカ式の標準だから、英語で使う文字だけあればよかった。でも、英語圏以外の文化では、母語を書くのに困る。プログラムにも使うし、ありとあらゆる文書作成に使うから。そこで、世界中でいろんな文字コードが作られていきます。その経緯を説明するだけで何冊か本があるくらいです。

コンピュータで日本語を扱う場合に使われている文字コードには、ＪＩＳコードとか、シフトＪＩＳコード、あるいは、ＥＵＣ、Unicode などがある。細かい違いには立ち入らないけど、文字コードが何種類もあるのは、要するにコンピュータで文字をどう扱うかという考え方の違いです。特に日本語の場合、１０００文字単位で文字があるから、これにどう番号を振るかということが大きな課題なのです。

アスキーでは、１００文字くらいを区別できればよかったので、文字に振る番号は１２７番（ビット単位に換算すると、７ビット）あれば足りた。つまり、アルファベットと数字に番号をつけるだけなら、７ビットあれば、１２８通り（０番〜１２７番）の値を扱えるから十分というわけです。

でも、これではとてもじゃないけど、漢字に番号をつけられない。どうしたらいいと思いますか？

――もっとたくさんの番号を振れるようにする。

そう、そういう考え方でいい。７ビットでは最大１２８個まで扱えた。１ビット増やして８ビットにするとどうなるか。ビットの値を10進数に直すのは簡単で、２のべき乗を計算すればいい。例えば、７ビットなら、２の７乗で１２８。では、８ビットは10進数でいくつかな。

――２の８乗。１２８にもう１回２をかけるから、２５６。

その通り。でも２５６でもまだまだ足りない。９ビットで５１２、10ビットで１０２４と、ようやく４桁になった。実は、16ビットで区別します。つまり、２の16乗だから、65,536通りを区別できる。ときどき、アルファベットを１バイト文字、漢字を２バイト文字と呼んだりするけど、その理由はいま言ったことに関係している。つまり、アルファベットは７ビットで足りたから、まあ１バイト（８ビット）でいい。漢字になると１バイトじゃダメで、漢字１文字ごとに番号をつけるには、16ビット、つまり２バイトが必要というわけです。

そうして、日本語の漢字やひらがなやカタカナを扱うために作られたのが、例えばＪＩＳコードと呼ばれている文字コードでした。ここで問題は、どの漢字を収録するかとか、どういう順序で並べるかということ。ときどき、JISコードに登録されてないために表示できない名前を見たことがありませんか。

——森鷗外の「鷗」の字。

——そうそう、「鷗」じゃなくて「鴎」と表示されてしまいますね。

調べてみると、最初はちゃんと「鷗」の字がJISコードに採用されていたんだけど、改訂されたときに「鴎」に差し替えられたみたい。後には、「鷗」の字を含む文字コードも作られているのだから、話はほんとにややこしい。

——出版社の「平凡社」も、ほんとは「平」じゃなくて「平」だ。

異体字の問題ですね。こんなふうに、文字コードにどの漢字をどう入れるかということは、それこそ日本語が使われてきた歴史全体を、どう捉《とら》えるかというとても深い話につながっている。現在のことだけ考えて文字コードを作ると、古い時代の文献をコンピュータ上でテキストとして適切に扱うのが難しくなってしまう。個々の漢字の姿には意味があるのだから、むやみやたらと簡略化すべきではないと言っていた漢字学者・白川静の言葉も思い出されます。そういう観点から文字コード制定のいろいろな試みを見ていると、なかなか複雑な気持ちになるけど、ここではおいておこう。

大きな流れで言うと、Unicodeというのは、世界各地でばらばらに文字コードが作られている状況——これまた一種のバベルの塔みたいなもの——に対して、全言語の文字コードを全部統一的に扱えるようにしたいという発想から作られている。これはかなり野心的な試みで、楔形《くさびがた》文字のような古代文字も取り入れようとしています。そういう動きもある。

——そうすると、私たちが使ってるコンピュータでも、そういう複数の文字コードを使ってるんですか?

はい。ときどき、受け取ったメールが文字化けしたりしませんか?

——あります。

あれはまさに、相手がメールを書くときに使った文字コードと、みなさんがそのメールを読むときに使った文字コードがくい違っているために起きることなんです。だから、相手が書いた文字コードで表示すれば、正しく表示されますね。

文字コードは、たいていの場合、みなさんが使うソフトウェアが、自動的に管理してくれているので、そんなに意識することはないかもしれません。

フォントで表示する

さて、いま考えているのは、キーボードから文字を入力したとき、コンピュータはなにをしてるのかということだった。随分いろいろなことを話してきましたね。この話を終える前に、もうひとつだけ見ておかなければいけないことが残っています。

いま私たちは、キーを押したら、それに対応する符号が記憶領域に記憶されるところまで見てきた。実際にコンピュータを使う場合、キーを押したら、画面に文字が出る。そこで登場するのが「フォント」の話。フォントといえば？

――明朝体やゴシック。

――ヒラギノやCentury。

それぞれ。面白いことに、私たちは「同じ」文字をただ表示するだけでは満足しないで、いろんな書体で表示しますね。中身が読めれば、フォントなんてなんでもいいという人も世の中にはいるけれど、ほんとになんでもいいはずはない。試しに彼らが読む英文を髭《ひげ》文字にしたら、きっと音《ね》を上げると思う（笑）。

それは極端な例だとしても、やはりフォントを選んだり工夫することには意味がある。美的な感覚に訴えるのはもちろんのこと、読む人の読書環境をデザインすることでもあるからです。そう考えると、コンピュータのフォントという要素もまた、コンピュータ以前の出版印刷文化や、それ以前の写本時代の文化の恩恵を被《こうむ》っている。

フォントというのは、言ってしまえばデザインされた文字を画像にしたもの。これもまた、拡大してもちゃんときれいに見えるようにとか、いろいろな工夫が施《ほどこ》されているけど、ここでは画像だということを押さえておこう。

ところで、先ほどの話では、コンピュータの記憶領域に文字ではなくて、文字に対応した符号が記憶されるのでした。では、これをディスプレイに表示するにはどうするか。符号だから、例えば、「あ」という文字そのものではなくて、シフトＪＩＳコードという文字コードで「あ」に該当する1000001010100000という2進数として記憶されている。16進数で言えばこれは82A0です。

これをそのままディスプレイに出しても「あ」にはならないので、この符号に該当する文字の画像を、フォントデータから探して、記憶領域にコピーする。そして、この画像データをディスプレイに送り出すわけです。

さらに言えば、文章をファイルに保存するときは、やっぱりフォント画像ではなくて、文字に対応する符号を保存しています。つまり、いざ画面に表示するときだけ画像としての文字を扱うというやり方なんです。

――なんだか目が回ります。

そうですね（笑）。大事なポイントは、文字を入力するとき、実は記憶領域に符号を書き込んでいるということ。そして、必要に応じて、その符号を画像として表示するということです。

例えば、自分のコンピュータで、画面に日本語を表示するフォントを「ヒラギノ明朝体」に設定しているとしよう。

そうすると、自分のパソコンで文章を書いているときは、日本語はヒラギノ明朝体で表示される。では、そうやって作った文書ファイルを、他の人に渡すとします。しかも、相手のパソコンにはヒラギノ明朝体が入ってなくて、普段表示するフォントは「MSゴシック体」。そうすると、自分が作った文書ファイルは、相手のコンピュータでは「MSゴシック体」で表示されることになる。

――同じ文書ファイルなのに、見る環境によって表示の仕方が違う。

その通り。なぜかというと、基本的に文書ファイルには、文字に対応する符号のデータだけが入っているから。

Wordのようなワープロソフトでは、文字ごとにフォントを指定できる。それはWordファイルの中に「ここからここまではゴシック」といった装飾用のデータが含まれているから。でも、見る人が指定されたフォントを持っていないと、指定とは違うフォントに置き換えられて表示されてしまう。

――文字と文字の装飾が別々になっている。

そういうことです。文字を入力するところについて、改めて図にしておくから見直しておいてくださいね（図12）。大事なことは、ここでも「記憶」が鍵を握っているということです。

どうやって文字を削除する？

――文字の「削除」はどうしてるんですか。

例えば、「行く川のながれは絶えずして、しかも本《もと》の水にあらず。」と文章を入力した後で、やっぱり「しかも」を削除したくなったとします。記憶領域には、文字のデータがこんなふうに収まってる（134ページ、図13の右）。わかりやすいように、いまは数字じゃなくて文字で書いておきますね。

実際にどうするかはいろんなやり方がある。一番手っとり早いのは？

――「しかも」を削除しちゃう。

そう、こんなふうにユーザーから「削除しろ」と言われた文字を、記憶領域から削除すればいいですね。

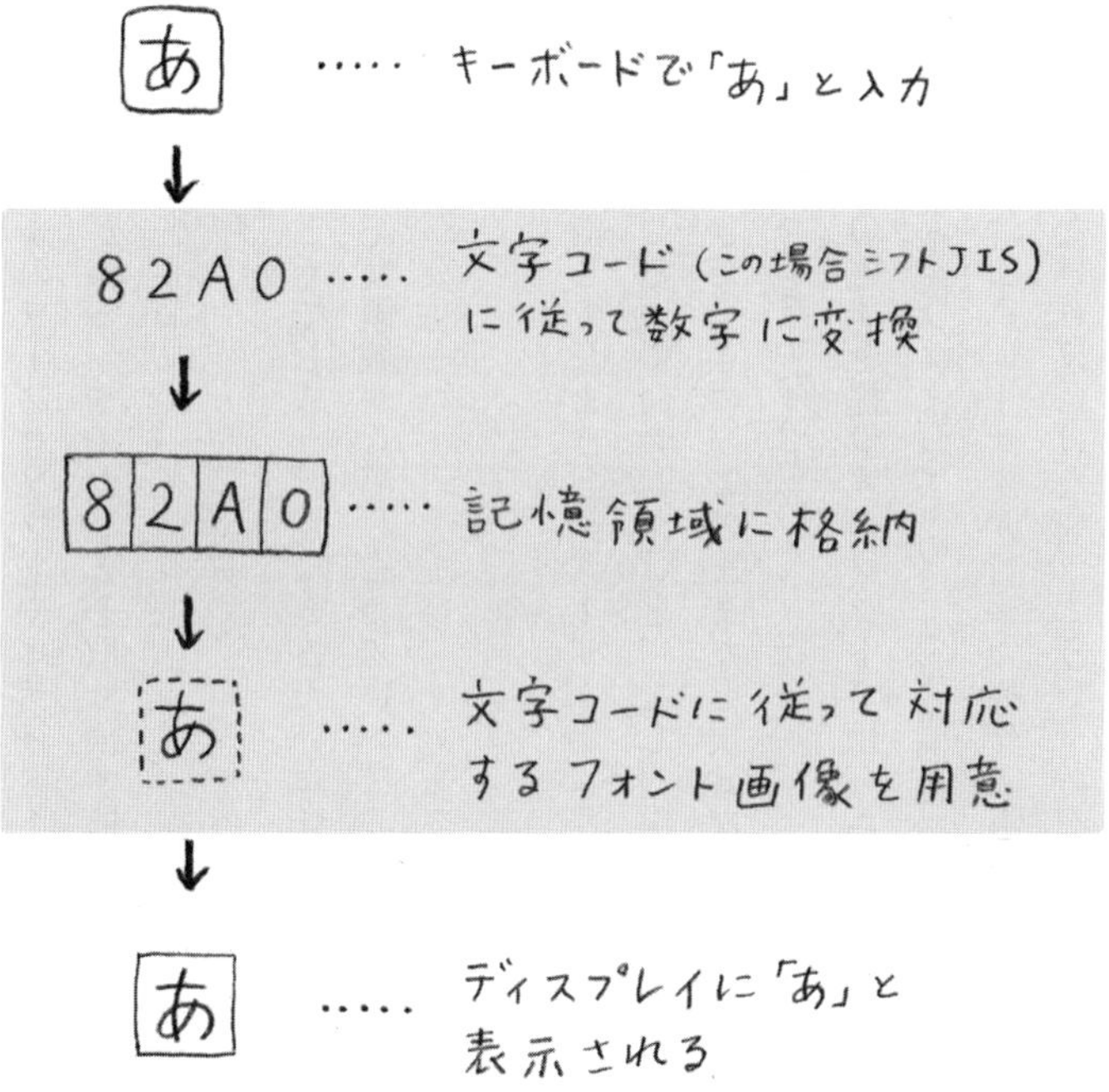
あ
……キーボードで「あ」と入力
82A0……文字コード（この場合シフトJIS）
に従って数字に変換
8 2 A 0……記憶領域に格納
あ……文字コードに従って対応
するフォント画像を用意
あ……ディスプレイに「あ」と
表示される

図-12 キーボードを押してから、文字が表示されるまでのプロセス

グレーの部分は、ユーザーからは見えない潜在的なプロセス。

でも待って。いまのワープロソフトやエディターには、UNDO《アンドウ》機能がある。やったことを取り消す機能ですね。

——よく使います。

そうだとしたらどうでしょう。さっきみたいに「しかも」をほんとに記憶領域から消し去っていい？

——あ。

——戻せない。

そう。ほんとに消してしまうと、ユーザーが「さっきの待った。削除しろって命令したけど、なし。戻して！」と命令してきたときに、このままだと戻せない。

——どこかに取っておかないとダメ。

つまり、UNDO機能を提供するソフトでは、ユーザーがそのソフトで作っているもの（文章や画像や音楽など）だけではなくて、ユーザーが行った操作もちゃんと記憶しておかなければいけない。こういうのを作

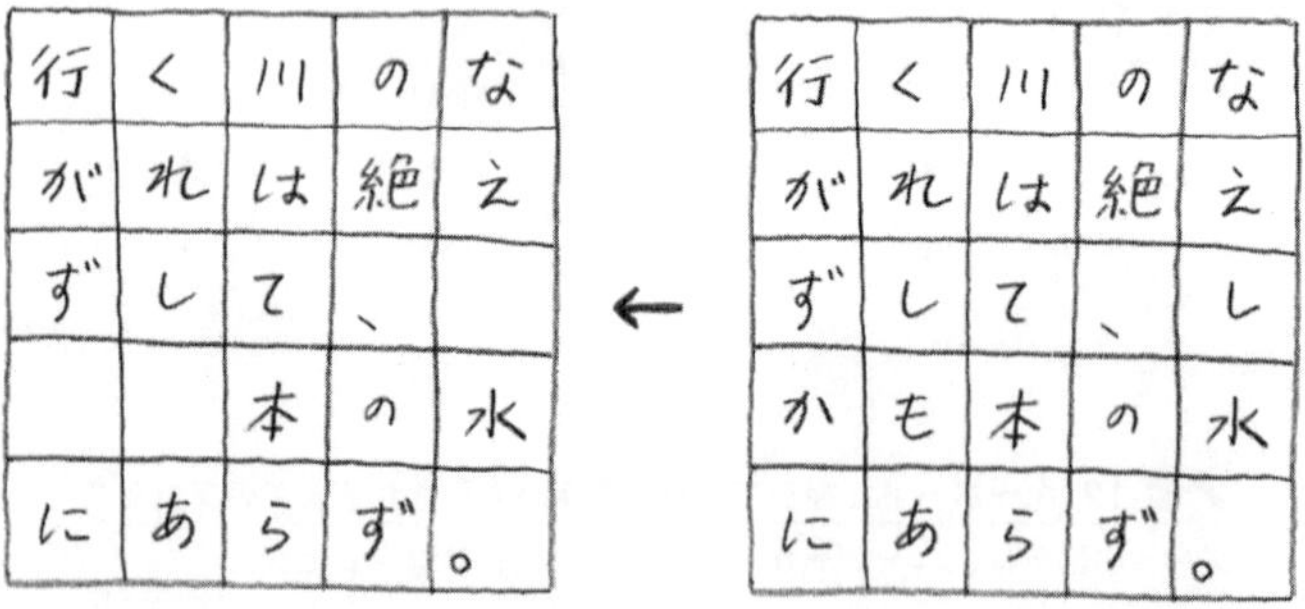

行く川のな
がれは絶え
ずして、し
かも本の水
にあらず。
←
行く川のな
がれは絶え
ずして、
本の水
にあらず。

図-13 記憶領域から削除する

業履歴と言ったりもします。喩えて言えば、将棋の棋《き》譜《ふ》みたいに、最初の一手から投了《とうりょう》までのすべての手を記憶しておく必要があるわけです（この場合、記録しておくと言いたくなりますね）。

だから、ユーザーがいったん書いた文章から、「しかも」を削除しても、だからといって、記憶領域から「しかも」を削除したりしない。ユーザーに見せなくするだけで、記憶領域にはデータを残しておくのです。

実際にはいろんなやり方があるけど、例えば図14のように、データはそのままで、「絶えずして、」の次は「本の水」へ続くということにする。そして、そのソフトが終了されたらUNDOの必要がなくなるから、不要なデータを保持しなくなる。

これ、まじめに考え始めると、相当ややこしいことですが、いま言った将棋の棋譜を、どうしたら洩《も》らさず記録できるか、考えてみるといいかもしれません。

行 く 川 の な
が れ は 絶 え
ず し て 、 し
か も 本 の 水
に あ ら ず 。

図-14 UNDOに備える

グレーの部分はユーザーには見せず、そこを飛ばして表示させる。

——気軽にUNDOするのが気の毒な気がしてきました（笑）。

——これはちゃんと意識したことがなかった。でも、言われてみれば記憶として取っておかないと無理な芸当だ。

でしょう？　あと、みなさんがよく使うコピー&ペーストや、カット&ペーストを連想してもいいですね。カット&ペーストというのは、すでにある文章や画像を切り取って、別のところへ貼り付けることでした。

先ほどの例を使えば、「行く川のながれは絶えずして、しかも本の水にあらず。」という文章から、冒頭何文字かをカットする。

「絶えずして、しかも本の水にあらず。」

このときカットした「行く川のながれは」という文字は、完全に消え去ったわけではない。見えないだけで、どこかにあるはずですね。そうでないと、「貼り付けて」と命令したときに、貼り付けられなくなってしまう。では、ここで切り取った「行く川のながれは」という文字はどこにあるでしょう？

——記憶領域に置いてある。

――ただ、ユーザーには見えないようにしてある。
というわけです。

私たちは、記憶領域をいじっている

さて、こんなふうに、コンピュータは記憶領域をフル活用している。言ってみれば、みなさんはコンピュータでなにかするたび、記憶領域をいじっているのです。計算だろうが、ゲームだろうが、音楽だろうが、映画だろうが、どんなことでもそうです。例えば、コンピュータにギターをつないで曲を弾《ひ》いて入力したら、そのデータが、記憶領域に数値として並ぶ。そのデータをハードディスクとかに保存しておいて、後でまた記憶領域を経由してスピーカーに送れば「音」として流れる。

今日もまた、いろんな話をしました。ここでいったん、「コンピュータとはなにか」という話をまとめよう。要するに、コンピュータを使用することで、みなさんはコンピュータの「記憶の状態」を変化させている。これがとても大事なことです。

キーボードやマウスやマイクを通じてコンピュータになにか入力するたび、コンピュータの記憶領域は変化するし、プログラムを動かすたび、やっぱり記憶領域が変化している。みなさんが、コンピュータ上で文章や画像や音楽やプログラムを作るとき、コンピュータの記憶領域でデータを変化させているわけです。言わば、コンピュータの記憶領域は、調理場であり、まな板なのです。

逆に、映画「メメント」じゃないけど、記憶が数秒しか保持できなかったり、もっと極端に言えば、コンピュータがものをまったく記憶してくれなかったらどうなるだろう。記憶能力のないコンピュータ。

——記憶力がゼロということは、簡単な計算もできない？

なにしろ記憶できないということは、「1＋1＝」と入力しようと思っても、最初の「1」を覚えておけない。ノートに「1＋1＝」と書いていく端から文字が消えていくような感じです。

——もう、お手上げです。

つまり、入力したことを記憶しておいてくれるからこそ、その記憶していることを私たちはいろんなふうに操作できるのですね。

今日の話は、他のことを全部忘れてしまっても、この感触を覚えておいてもらえたらと思います。

そしてこのとき、最初に言ったように、記憶をなにとして扱うかが重要だった。記憶領域には2進数のデータだけが記憶できるのでしたね。では、そのデータを、なにとして扱うのか。数字としてか、文字としてか、絵としてか、動画としてか。同じデータが、装置に応じていかようにも解釈されるということも実験してみた。

こういうコンピュータの性質を3章の冒頭では「転用」「変身」と言ったわけだけど、日本古来の言葉で「見立て」と言ってもいい。「見立て」というのは、あるものを、それとは別のものとして見ることを言う。例えば、落語家が扇子《せんす》を煙管《きせる》にも箸《はし》にも扇子そのものにも見立てるように。

コンピュータでは、記憶領域の中身を、一幅《いっぷく》の絵に見立てるか、一曲の音に見立てるか、ただの数字の羅列に見立てるか、アラビア語に見立てるか、メールの本文に見立てるか。装置が許す限り、なんにでも見立てられるのです。

――そうすると、やっぱり数字にならないようなものは、扱いにくいですか。

そう、言ってしまえば、2進数の数値にできないものは現状のコンピュータでは扱えない。例えば、「塩少々」とか「いい感じに」といったあいまいなことはダメ。それから、数学でいう無理数のように、永遠に割りきれなくて、小数点以下が無限に続く数なんかも、そのままでは扱えない。

これとの関連で言えば、そのコンピュータが持っている記憶領域の最大量を超えてしまうような巨大なデータは扱えませんね。例えば、現在のコンピュータではDVDで映画を観るなんてことはお茶の子さいさいだけど、20年前のパソコンに同じことをやらせようと思っても無理です。そもそも、画面に表示するためのデータが記憶領域に入りきらないから。

そんなふうに、できないこともある。逆に言えば、記憶領域に収まる範囲の大きさの2進数にできれば扱えるわけです。後は、前に話したように、そのコンピュータにどんな装置がつながっているか次第で、できることが決まります。

アナログをディジタルにする

――ということは、アナログなものは扱いづらい?

そのままでは扱えない。でも、変換すればいい。例えば、みなさん、マウスを使いますね。マウスを動かすとき、みなさんは、コンピュータにわかりやすいように、なるべくディジタルな感じで動かしてる?　カクッカクッとか。

――いえ(笑)。

――というか、ディジタルに動かすという意味がわかりません(笑)。

うん、私も言っててわからない。冗談はさておき、マウスって、当たり前といえば当たり前だけど、連続的に動かしますね。テーブルやマウスパッドの上で、物理的に前後左右に滑らせる。これは、考えてみれば、全然ディジットじゃない。つまり、指折り数えられるような不連続さがない。

――はい。

だとすると、マウスの連続した動きを、一体どうやってコンピュータのディジタルな記憶領域に反映してるのか。簡単に言うと、無理矢理分割するんです。

こんなふうに考えてみてください。仮に、マウスが1ミリ動いたら、画面上でマウスカーソルが1ドット、画面の点ひとつ分だけ動くとしよう。そうすると、マウスが0・5ミリ動いただけでは、なにも起きない。どうしてだろう?

――1ミリに達してないから。

そういうこと。では、1・2ミリ動いたらどう?

――1ドットだけ動く?

その通り。つまり、この場合、1ミリなら1ミリ単位でしかマウスの動きを感知しないというわけです。これなら、ディジタルに変換できますね。考え方はこんなところ。実際には、あの手この手でアナログなものをディジタルに変換しています。

「できること、できないこと」のまとめ

では、「コンピュータにできること、できないこと」のまとめです。

コンピュータは、記憶という仕組みを使って、いろんなことをしている。その「記憶」に対してできることは、基本的にふたつ。書くことと読むこと。

「書く」というのは、データを記憶領域に記憶すること。「読む」というのは、記憶領域に記憶されているデータを、取り出して、別の装置に向けて渡すこと。

このふたつの操作でできることはなんでもできる。その代わり、このふたつの操作でできないことは、逆立ちしてもできない。例えば、昨晩見た夢とか、昼下がりにコーヒーを飲んだときの気持ちのように、いまのところディジタル化の仕方がわからないものは、コンピュータで扱えない。

――面白いです。原理というか、コンピュータの「ど真ん中」がわかりました。

たぶん、これでいったんすっきりしてくれたと思います。でも、机に戻ると、「ええ？」ってなりますよ（笑）。「だって、あんな話でこんなすごいことできるわけない」って思うはず。だから、もう1回やります。

3日目は、今日の話を踏まえて、「プログラムって実際、なにしているの」ということを理解します。これで、いつもみなさんが使ってるパソコンが、「裏ではこんなことをやっているんだな」とわかるようになるはず。

——楽しみです。よろしくお願いします。

Q&A コンピュータの記憶について みんなの質問

その1 「なぜ記憶って言うのですか?」

——ちょっと気になってるんですけど、コンピュータの場合、どうして「記録」って言わないで、「記憶」って言うんでしょう。音楽や映像だと、録音、録画って言いますよね。

鋭い。「記憶」とは、もとをただすと英語の memory です。そもそも人間の記憶について使われていた言葉ですね。実は、私もこの言葉がどういう経緯でコンピュータの用語に転用されたのか知りたい。つまり、コンピュータについて memory という言葉を使い始めた人が、どんなことを念頭に置いていたかを知りたいのです。そう思いつつ、まだきちんと追跡できてないのは面目《めんぼく》ない。日本語のほうは、室町時代の文献に「記憶」という言葉が見えるから、おそらくこれを後に memory の訳語として当てたんだと思う。

『オックスフォード英語辞典』で memory の項目を見ると、「記憶補助のための装置システム」なんて意味もコンピュータの登場以前からあるみたい。

また、ヨーロッパでは、古くから記憶術が発達して、たくさんの情報を記憶するための技が編み出されていた。記憶を自在に操作するという考え方は、コンピュータを手にしている私たちから見ると、なんだかとてもコンピュータっぽい。

ちなみにこの記憶術、明治時代の日本でも一度大流行したことがあるらしい。でも、いまではすっかり記憶はコンピュータ任せですね。友だちのメールアドレスや電話番号もパソコンやケータイ任せでちゃんと覚えてなかったりする。

話を戻すと、本当は「記録」と言ってもいいのかもしれない。でもこれは私見にすぎないけど、「記録」よりはやっぱり「記憶」のほうがしっくりするかな。「記録」というと、DVDに映像を記録したり、調査でなんらかのデータを記録するといった感じで、どちらかというと静的な印象がある。「記憶」のほうは、もう少し動的な感じがする。人間の記憶だと、覚えたり、忘れたり、作り変えられたり、時々刻々と変化する。コンピュータの場合も、記憶領域の内容は、ユーザーがいろいろなことをするつど、どんどん変化していく。

それにしても、いま言ってくれたような疑問は、一見当たり前のように見えることについて、改めて考えさせてくれる、いい疑問です。ありがとう。

その2「どうしてフリーズするとデータが消えるの？」

――コンピュータで仕事をしていたら、いきなり画面が凍り付いて動かなくなる。泣く泣く再起動したら、作業していたデータが消えてしまった。昔ほどではないけど、いまでもしばしば起こります。なぜ、こういうことが起こるんですか？

実は私もこの原稿に取り組んでいる間、5回ほどコンピュータがフリーズして、データが一部失われました。なぜデータが飛ぶのか。このことを理解するために、コンピュータの記憶の仕組みをもう少し見ておきましょう。

コンピュータの記憶領域には大きく2種類ある。ひとつは①主記憶装置といって、コンピュータの中にあって、CPU（中央処理装置）と直結している記憶領域。この記憶装置のことを、単に「メモリ」と呼んだりします。

もうひとつは②補助記憶装置といって、ハードディスクとかUSBメモリのような記憶領域。こっちはコンピュータの心臓部と間接的につながっている。

コンピュータはこの2種類の記憶を使い分けているのです。

さて、このふたつはどう違うのか。①主記憶装置（メモリ）は、喩《たと》えて言えば作業用の「短期記憶」。「作業記憶」と言ってもいい。コンピュータが作動して、電気が通っている間だけ保持できる記憶。CPUと直結だから、スピードが速いのが特徴。みなさんがコンピュータに向かって作業をしてるときは、もっぱらこの主記憶装置、短期記憶をどんどん書き換えてる。

そして作業がある程度進むと、Ctrl+Sとかで「保存」しますね。そうしてはじめてハードディスクのような②補助記憶装置のほうに「長期記憶」として移される。ファイルとして記憶される。これはコンピュータのスイッチを切っても残りますね。ただし、主記憶装置に比べると書き換え速度は遅い。

　そんなわけだから、なにか作業していて、つまり、短期記憶上でデータを操作していて、それを長期記憶に移す前にコンピュータがフリーズしたりすると目も当てられない。コンピュータを再起動したり、電源を切ると、短期記憶上のデータは消えてなくなる運命というわけです。もっとも、最近の気が利いてるソフトでは、ユーザーが「保存しといて」と命令しなくても、一定時間ごとに、裏側でこっそり作業中のデータを補助記憶装置にコピーしていたりする。

　ついでに言うと、コンピュータでソフトを使う場合は、②補助記憶装置に保存してあるプログラムやデータを、①主記憶装置にコピーして、

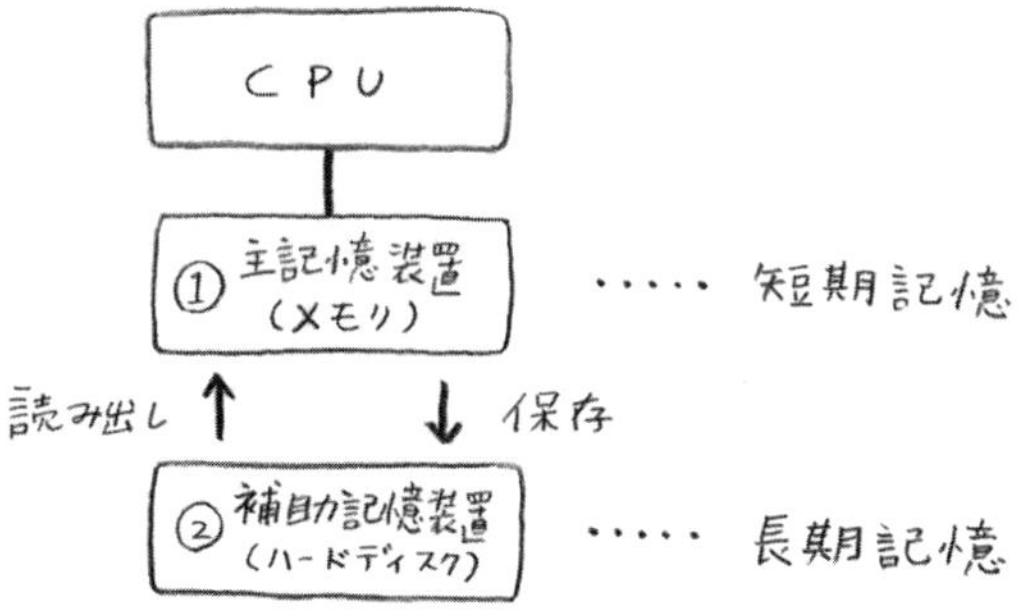

それをＣＰＵが実行していくという形を取る。いずれにしても、ＣＰＵが直接やりとりする記憶領域は、主記憶装置（メモリ）というわけです。

その３「動画の仕組みは？」

――画像についてはわかったのですが、動画はどのようにしているのでしょうか。

はい。動画ソフトを立ち上げました。再生してみます。（動画が流れる）これは小津安二郎の「東京物語」ですね。こういう動画は、どのように実現されているのか、考え方をお話ししましょう。

基本的にはコンピュータの記憶領域に動画のデータが置かれて、それがつぎつぎとディスプレイに送り込まれているだけです。

――映画のフィルムのような考え方でいいですか。

原理は似ています。コンピュータの動画は、アニメーションと同じで、超高速紙芝居、パラパラ漫画のようなものだと思って構いません。要するに、１秒間に30回くらいの速さで絵を入れ替えているから、人間の目には動いて見えるわけです。コンピュータでは、この画像の切り替え速度のことをフレームレートと呼んだりします。フレームというのは、映画のコマのことで、フレームレートといえば、もとは映写機のフィルムを回すスピードのことでした。単位は、fps（frame per second）で、要するに1秒当たり何回画面を描き換えるか。いまの話なら30 fpsと言ったりします。

では質問。フレームレートが30 fpsで、10分の動画なら、画像は全部で何枚表示される？

——1秒に30枚ということですよね。ということは、1分では1800枚。その10倍だから、1万8千枚。

ということです。つぎに、この動画の大きさが、仮に幅640ドット、高さ480ドットだとしましょう。話を簡単にするために、ひとつの点《ドット》は1ビットのデータだとします。白か黒。そうすると、640×480という大きさの画像1枚で、データの量はどのくらいになるか。これはわかるかな。

——点ひとつが1ビットなら、単純に画像の面積分ですか。

——（ケータイの電卓で計算する）307,200ビットです。

バイトに換算すると？

——8で割るから……38,400バイト。ええと、37・5キロバイトですね。

ありがとう。この動画の画像、つまり1枚1枚は静止画なんだけど、その画像1枚は、37・5キロバイトのデータで、これが1万8千枚ある。

ということは、動画全体では締めてどのくらい？

――675,000キロバイト。つまり、およそ659メガバイトです。

標準的なCD‐ROMに収まるか収まらないか、という量ですね。

――たった10分なのに？

そう。このままではCDに10分しか入らない。これが90分の映画なら、この9倍。しかも、いまのは映像だけで音のデータはまた別に必要です。

――カラーにしたら、さらに膨れ上がる。

というわけで、なんの工夫もしないで動画を作ると、データが結構大きくなってしまうことは実感してもらえたかな。前にも言ったように、プログラマーは、こういう場合、できればデータ量をなるべく小さくしたいと考える。どうしたらいいと思う？

――圧縮する。

そうそう、圧縮したい。コンピュータで動画を扱う方法にもMPEG‐4とか、RealVideoとかいろいろあるんだけど、それぞれどういうふうに圧縮するかというところが工夫のしどころになっている。

ここでは、その技術をひとつだけ紹介して、動画の仕組みを垣間見てもらえればと思う。コンピュータで動画の仕組みを作るプログラマーの気持ちになってみよう。手の抜き方講座動画篇。

——出た、手抜き（笑）。

動画で大事なポイントは、画像をつぎつぎと表示すること。画像を表示するには、コンピュータの記憶領域に画像のデータを書き込んで、「これをディスプレイに出してね」と処理するのでした。動画の場合も同じで、後はこれを決められた速さでどんどん連続でやる。

じゃあどうしたら手を抜けるか。例えば、これは「東京物語」の冒頭6カット目で、笠智衆《りゅうちしゅう》と東山千栄子が並んでいる（153ページ）。ここで注目してほしいのは、この10秒ばかりの映像で、動いているところと動いてないところがあった。

——人は動くけど、背景はそのまま。

——少し光の加減は変わってたみたいだけど、基本変わらなかった。

そうそう。

「東京物語」の動画ファイルは、ハードディスクにあるとしよう。これは明日の講義で話すけど、実際には、ハードディスク→主記憶装置（メモリ）→ディスプレイという流れでデータが処理されている。この動画を再生するには、ハードディスクに保存されているデータを、主記憶装置に1画面分ずつコピーする必要がある。ほんとはこういうところでもいろんなテクニックがあるけど、いまは大事な骨子だけに注目します。

さて、もしこの仕組みを作るプログラマーが、手を抜くことを知らないマジメな人だった場合は、どうするか。ともかく画面に表示する画像を順番に1枚1枚丁寧にコピーしていくでしょうね。

――そうすれば間違いない。

確かに間違いはない。でも、いささか無駄なところがある。例えば、先ほどの図を見てください（左ページ）。

画面①の次に画面②を表示するわけです。いま画面①がすでに表示されているとしよう。つまり、コンピュータの主記憶装置には画面①の画像データがすでにある。マジメなプログラマーは、「じゃあ次は画像②ですね」と言って、ここに画像②のデータを丸ごとコピーする。でもどうかな。ここで手を抜くア

画面①

画面②

映画「東京物語」(小津安二郎監督、1953年制作)
冒頭6カット目より。画面②は画面①の数秒後。

イディアはありませんか？

――なんだろう。

ヒントは、画面①と画面②をよーく見比べること。

――これ、ほとんど変わらないですね。

そう。変わらない。

――それなら、変わらないところは、わざわざ手をつけなくていいのでは？

そういうこと。言い方を変えれば、画面①から変化するところだけを書き換えればいい。この2枚の画面なら、書き換えるのはこの人物が動いた部分だけでいい。こういう考え方を、「差分《さぶん》」と言います。

そうすると、この2枚の画面を連続して表示したければ、画面①を表示しておいて、次は画面①と画面②の差分だけ表示しなおせばいいのです。こうすれば、映画の全編にわたって640×480という大きさのデータを用意する必要もないし、それを逐一記憶領域にせっせとコピーすることもありません。

これに加えて、さまざまなデータを圧縮する技術を使うことで、さらに動画全体のデータを小さくすることができます。

――ひょっとして、映画評論家の蓮實《はすみ》重彦先生がディジタル映画を嫌ってるのって、そういう理由ですか。

たぶん蓮實先生が嫌なのは、滑《なめ》らかなフィルムに焼き付けられた映像が、こういう「点」の集合に分解されてしまっていることや、それをさらにテレビのような解像度の低い装置で再生することじゃないかな。もっとも、時間方向についても言えば、フィルムもまたコマに分割されていますね。

――音楽でも、CDよりレコードのほうが音がいいという人もいますね。

ええ。CDでは、一定範囲の音域の外にある音をカットしているので、確かにものとしてレコードから出る音と違うといえば違っている。

それはともかくとして、コンピュータの動画は、基本的にこういう仕組みでやってる。ニコニコ動画もYouTubeも基本は全部これです。後は、圧縮をどうするかで工夫しています。ネットを通じて配信する場合は特にここが問題になる。通信回線が細くて、一度にたくさんのデータを受け取れないような通信環境もあるから、動画のデータは、なるべくコンパクトにしたいのです。

他には、ゲームのように、全然別の原理で動画を表現しているものもある。この講義では触れないので、もし興味があったら3Dグラフィックスの本を覗《のぞ》いてみて。でも、ゲームの中でも「ムービー」といって、映像を再生する部分は、ここで説明したようなＤＶＤの映像と同じ仕組みでやってる。

――音声も同じように処理してるんですか。

音声は、動画とは別にデータの形式があります。動画のデータと音声のデータは別ものなので、ファイルとしてはひとつにまとめてあっても、その気になれば分離して、別個に加工したりもできますよ。

⑤ 機械の中には誰もいない

ここまでの2日で、みなさんの中にあったコンピュータのイメージをいったんご破《は》算《さん》にして、改めて「コンピュータってなに?」ということを考えてきました。その中で、「コンピュータにできること、できないこと」とか、「コンピュータの本質は記憶である」という話をしたわけです。

今回は、これまで理解したことに基《もと》づいて、普通のコンピュータ入門書であれば最初に話すようなことに入っていきます。やれやれようやくです。

まずは、前回のキーワードである「記憶」についての復習がてら、Windowsに入ってる計算機のソフトをじっくり観察してみましょう。

次に、こういうソフトは「プログラム」というもので作られているわけですが、それはなんなのか、どうやって作られているのか、ということを話します。

最後に、コンピュータがしていると言われる「計算」って、ほんとのところはなにをやってるのか、という、一番底の底まで進みます。これ、まさにコンピュータを計算機と呼んで済ませていいのかという問題ですね。これを知ると、コンピュータを見る目ががらっと変わるはず。そこまで辿《たど》り着ければ成功です。

ソフトの動きをよく見てみると

これ、使ったことありますか。Windowsに入っている計算機です。

まず、これをよく観察しよう。ただ使うのと観察するのはかなり違うことですね。だから、ありふれたものだからといって、わかった気にならないように気をつけて。「そんなことわかってるよ」と思い込んでる人の目は、本当にいろんなことを見逃してしまうから。私もよくそれで失敗するので、これは自戒でもあります。コツは、はじめて見るかのように見ようとすることです。

というわけで、前回話した「記憶」というコンピュータの根本原理を念頭におきながら、このソフトを眺めていこう。

いま、スタートメニューのアクセサリの中にあ

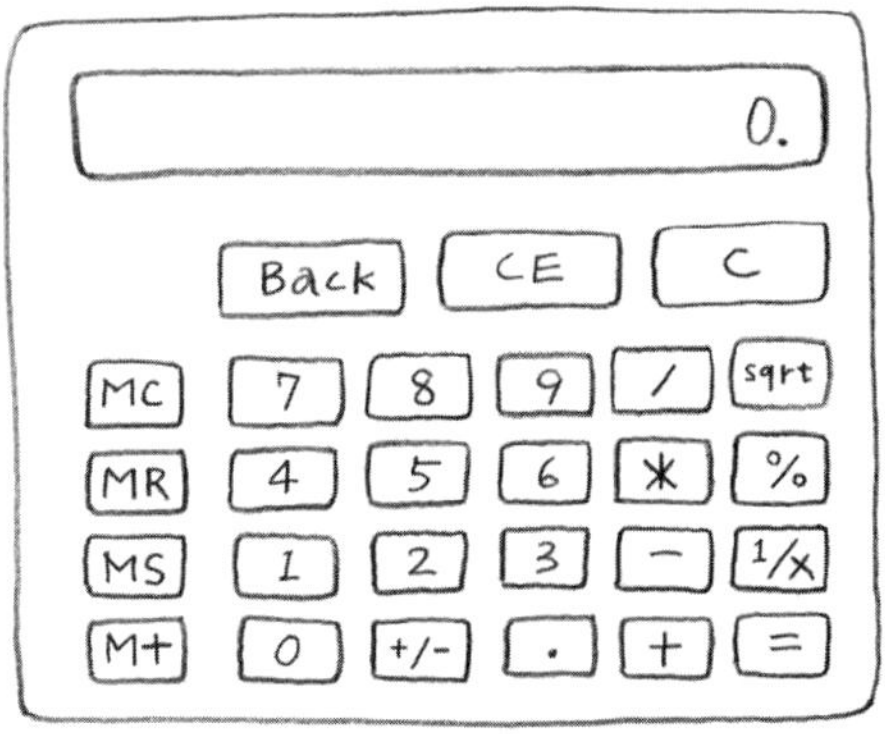

図-15 Windowsに入っている電卓ソフト

る電卓を選んで、ソフトを立ち上げたところです。さて、みなさんがなにもしないと、このプログラムはなにをしてるでしょう?

――待機している。指示待ち。

そのとおり。ダメな会社員みたい(笑)。でも、計算機は待っててくれないと困る。では、どうやって指示できますか?

――ボタンを押す。

そう。この電卓のソフトは、2通りの操作ができる。ディスプレイに表示されてるボタンをマウスで押してもいいし、キーボードから直接数字や「+」などの演算のキーを押してもいい。では、操作してみよう。「1」と押してみます。なにが起きた?

――電卓の表示部分に「1」と出た。

こういう挙動は、電卓に限らず、いろんなソフトで見慣れているから、なんの驚きも感慨もないかもしれない。でも、ここまで一緒に考えてきたみなさんは、いまやここでなにが起きているか、もう少し複雑な事情を知っていますね。

――記憶領域に変化が起きてる。

もうちょっと言うとどうなりますか。

――ええと、入力された文字を受け取って、符号として記憶領域に記憶する。それから、そのデータを画面に表示する。

——そのときフォントの画像を使ってる。

ということでした。今回はその先に迫りたい。ここまでのところ、「記憶する」とか「表示する」とか「送り出す」という言い方をしてきたけど、考えてみたら、誰がやっているのか。実は主語があいまいでした。そこを詳しく見てみたいわけです。

ユーザー・インターフェイス

——その前に、ちょっといいですか。

どうぞ。

——この電卓のイメージって、実際の電卓と似た感じを再現しているんですよね。これ自体がすでに驚きなんですが。画面の中にこう、絵があって、マウス・カーソルをボタンの「1」の位置に合わせてクリックすると、本当に反応するという。

大事なことに気付いてくれました。ここに電卓風の画像が表示されてること自体、すでにこのプログラムが、ユーザーに対してなにかしてくれてるってことですね。

でも、ほんとに電卓の機能だけを用意するなら、なにもここまで電卓っぽく表示しなくてもいい。例えば、電卓ソフトを起動すると、文章が1行――「電卓を起動しました。入力をしてください」と表示される。「1+3=」とキーボードから入力すると、「答えは4です」と表示される。これでも電卓になるはずでしょう。

そういうプログラムでもいいはずなんだけど、どうしてわざわざそれらしい画像にしているか。これは、使い手である人間側の事情を汲《く》んでいるわけです。

現実の電卓を使ったことがある人なら、画面上に電卓らしいものが表示されれば、ぱっとわかる。これを使うには、ボタンを押せばいいんだなと類推できる。要するに、ユーザーがすでに見知っている電卓を見せることで、「ほら、計算するなら、ここを押したくなるでしょ?」と誘っているのですね。

これは、コンピュータそのものというよりは、ソフトをどう設計するかというソフトウェア・デザインの話です。先端技術の結晶といえども、従来からある道具やそれについての人間の知識と経験をうまく活用しているわけです。

こういう、人間と機械が触れ合う仕組みのことを「ユーザー・インターフェイス」(user interface)と言う。face は顔で、その顔と顔が対面する(inter)、という意味です。この場合、ユーザーとソフトウェアが対面しています。

ついでに言うと、コンピュータでは、もうひとつこのインターフェイスという言葉の使い方がある。すでに確認してきたように、コンピュータは、いろんな装置が組み合わさってできている。このとき、装置同士が接続し合う部分をインターフェイスと言う。どうしてかはもうわかりますね。

ところで、電卓ソフトの話でした。この電卓ソフト、ボタンをマウスでクリックすると——しかし、自分で言っててすごい日本語!——電卓のボタンの画像がぺこっと凹《へこ》みます。どうしてこんなことしてるんだと思いますか?

——ボタンを押しても反応がないと、「あれ? 押したかな」と不安になるから。

そうですね。反応がないと、心配になる。こういう反応や触った感覚のデザインは、ソフト屋さんがすごく気を使うところです。この点、アップル社のデザインは抜群ですね。

ディスプレイは「高速紙芝居」

ここでもうひとつ画面について話しておこう。いま、このパソコンの画面は、動いてない。誰もマウスやキーボードを触ってないし、電卓ソフトにも特に動きはない。

でも、止まっているように見えるパソコンの画面も、実は立派な「動画」です。2

日目のQ&Aで動画の仕組みを話したけど（148ページ）、コンピュータの画面そのものが「高速紙芝居」みたいなものなのです。だから、こんなふうに一見動きがないときでも、ディスプレイの画面は、1秒に60回以上も書き換えられてる。

――サボってるわけじゃない。

そう、むしろがんばってる。もし、ディスプレイを書き換える間隔が3秒ごとだったらどうなるかな。

――かなり反応が悪い。

電卓に「1」と入れて、次に書き換わるのが3秒後。入力したのに3秒待たされてしまう。これでは困りますね。だから、いつ入力されてもすぐに反応して、画面に表示できるぐらいのスピードで、常に画面がリフレッシュ、更新されている。

――だから、ウィンドウを動かしたり、大きさを変えたりできるんですね。

そう。高速で画面を書き換えて、動いているように見せてる。人間を騙《だま》してるんです。でも、たまに処理が重くなって画面が更新されなくなることがあるでしょう。そうすると、画面の書き換えができなくて、変になる。

こういった部分は誰がやっているかというと、ふつうはOS（Operating System《オペレーティング システム》）というソフトがやってる。Windows とか Mac です。

どんなソフトでも、たいてい、ＯＳごとにビジュアルや操作法は統一されています。ウィンドウの上のほうにコマンド（命令）のメニューがあるとか、右上の「×」を押すと閉じるというふうに。それは、ＯＳが用意したお作法に則《のっと》ってソフトが作られているからなのです。

ＯＳの服を脱がせる――コマンドプロンプト

ではここで、グラフィックを使って操作する「ＧＵＩ」（Graphical《グラフィカル》 User《ユーザー》 Interface《インターフェイス》）が発達する前のパソコンではどうしていたか見てみよう。なんでもそうだけど、いまある姿だけを見てると、どうしてそうなったのか、作り手はどうしてこうしようと思ったのか、ということがわかりづらい。そこで、ひとつ手前の状態と比べると、そういうことがよく実感できます。ここでは、「グラフィカル・ユーザー・インターフェイス」の「グラフィック」を取り外してみましょう。言ってみれば、服を脱がせてみます。

Windowsでは「コマンドプロンプト」というソフトを使って、グラフィックの助けを借りる前の操作法を垣間見ることができる。では、いったん電卓を閉じて、「コマンドプロンプト」を動かしてみよう（１６７ページ、図16）。どうかな。

――まっ黒。

――壁紙どころか、なんにもない。

在《あ》りし日のパソコンは、こういう画面でした。真っ黒で、カーソルがチカチカしていますね。これは、「コマンドプロンプト」といって、文字通り、ユーザーにコマンド（命令）を prompt、促《うなが》している。コンピュータが命令を待ってる状態です。そこで、コンピュータを使おうと思ったら、ここに文字で命令を打ち込みます。

例えば〈dir〉。〈dir〉というのは、「ディレクトリ」（ファイルが保存してある場所）という意味で、みなさんが慣れてる言葉でいうと「フォルダ」のことです。その中を見せてください、という命令です。やってみましょう。

（dir と打って Enter を押すと、ファイル名が文字でずらずらと出てくる。図17）

私が最初に使ったパソコンは、まさにこういう状態でした。なにかをしようと思ったら、言葉で命令を打ち込むのですね。「このファイルをコピーしてください」とか、「名前を付け替えてください」というのも、全部命令を入力する。

――まさに言葉で命令するわけですか。

はい。とても命令してる感じがするでしょ？（笑）

現在のパソコンはどうか。ご存じのように、例えば、画面上のＰＤＦファイルをマ

C:¥>_

図-16 コマンドプロンプト

Windowsのスタートメニューから、「アクセサリ」→「コマンドプロンプト」で起動することができる。

C:¥>dir
C:¥のディレクトリ
2005/10/17 12:22 <DIR> Documents and Settings
2007/03/03 16:13 <DIR> Perl
2010/04/02 11:20 <DIR> Program Files
2010/06/01 12:46 <DIR> WINDOWS
4個のディレクトリ 2,152,487,792 バイト
C:¥>_

図-17 コマンドプロンプトで、dirと打って、Enterを押したところ

ウスでポイントしておいてから、ダブルクリックすると、Acrobat Readerが起動して、文書が開きます。昔のパソコンで同じことをしようと思ったら、コマンドプロンプトに向かって、〈Acrobat Reader　開きたいファイル名〉と、命令していたわけです。開きたいファイルがどこにあるかも自分で指定するのです。

——じゃあ、〈dir〉のような、コマンドを覚えるところから始めたわけですね。

そう、命令したかったら、命令を正しく覚えないといけません。

——なんだか微妙な主従関係みたいです（笑）。

結構シャレになっていませんね。いまでもコンピュータを使うというより、むしろコンピュータに振り回されてる人がいそうです。

——用語集みたいなのがあったんですか。

ありました。使っているうちに覚えるので、そのうち見なくなりますが、使い始めた頃は「ええと、これをするにはどうすればよかったかな……」と、紙のマニュアルと首っ引きです。

当時のOSは「DOS《ドス》」（Disk《ディスク》 Operating《オペレーティング》 System《システム》）と呼ばれていました。これはつまり、「磁気ディスクを管理するシステム」という意味です。「ディスク」というのは本来は「円盤」ということです。なぜ円盤かというと、当時主に使われていたフロッピーディスクやハードディスクが、円盤状だからだと思います。もうフロッピーはほとんど見かけませんが、いつかハードディスクが不要になったら、ねじを外して中を見てみてください。ほんとに金属の円盤が入っていますよ。

現在のOS（Windows）はビジュアルで見せているだけ

さて、現在のWindowsでは、みなさんがマウスでフォルダを指してクリックすると、フォルダが開いて中身が表示されますね。これは「フォルダのアイコンがクリックされたら、そのフォルダに対して〈dir〉コマンドを実行しなさい。結果はビジュアルに見せなさい」ということを裏でやっているわけです。そういう意味では、昔から基本的な仕組みは大して変わりません。ただ、操作の仕組みを変えただけとも言えます。

——でも、**その見た目の変化によって、操作感ががらりと変わったわけですね。**

そう、みなさんは、アイコンをクリックするだけだから、とても言語を使っている感じはしないと思う。でも、いま言ったように、これも本当は立派なコマンドです。コンピュータのやってることは同じなんだけど、この操作のおかげで、コマンドの名前を覚える必要はなくなったのですね。

要するに、DOSでは言葉を使ってやりとりしていたものを、マウスとアイコンによって、脱言語化したわけです。こうしてビジュアルに置き換えたことで、直感的に使えるようにした。もちろん、直感といっても、OSによっていろんなお作法がありますます。ただ、DOSの文法や単語を覚えるよりは、断然わかりやすいですね。

――それが普及のカギになった。

そう。普及したけど、その代償として、自分がコンピュータに対して命令しているというイメージが失われてしまいました。いまでも映画でコンピュータのエキスパートやハッカーが登場すると、たいていはDOSみたいな画面で、ひたすらがちゃがちゃ文字を入力していますね（笑）。あれは、要するに「この人物は、そういうレベルでコンピュータを使いこなしてますよ」という表現なわけです。英語で、コンピュータに精通してる人をWizard（魔法使い）と呼んでるのを見たことがあるけど、コンピュータがよくわからない人から見たら……

――まさに魔法。

キーボードでひたすら呪文をつぶやいて、得体の知れない機械を駆使してる。
コンピュータのことがわかってる人は、いつもこの機械と対話するレベルで考えています。なにか操作するときには、画面の視覚的な表現だけではなくて、その裏側でなにが生じているかをイメージしてるわけです。

それにしても、DOSのレベルでコンピュータとやりとりすると、なんだか裏側が透けて見えるでしょう。コマンドを打つ。Enterキーを押す。命令がコンピュータに与えられる。コンピュータが命令を受け取って実行する。結果が表示される。こんなふうに、機械とやりとりしている感じがすごく強いですね。

――コンピュータの中に小人がいて、お願いすると働いてくれるような感じなんですね。

そう。もちろんご存じのように、機械の中には誰もいないのですが。このブラックボックスの正体を暴くのが、今日の課題です。

コマンドプロンプトを起動してるついでに、ここから電卓を起動してみましょう。

――え、そんなこともできるんですか?

できるかどうか、よく見ていてください。

（コマンドプロンプトからcalcと入力してEnterを押す）

――あ、電卓だ。

――アイコンをダブルクリックする代わりに、電卓ソフトを起動せよと命令した。

――GUI（Graphical《グラフィカル》 User《ユーザー》 Interface《インターフェイス》）に慣れてるせいか、言葉で電卓を起動するのは、ちょっと魔術的な感じがしますね（笑）。

見えない場所からうさぎを取り出しているように見えるかも。

そんなこともあろうかと

いま私たちが見ている電卓にしても、DOSのように命令を入力しているところをイメージすると、見た目に幻惑《げんわく》されずに済むかもしれません。

さて、電卓に「1」と入力したところだった。ではここで、電卓とはぜんぜん関係なさそうなキーを押したらどうなると思いますか？

――考えたことないです。

――電卓を起動するときは、計算したいと思ってるから、テンキーと演算記号くらいしか押したことがない。

――私たち、思ったより従順なユーザーということですか？

作り手としては、かなりありがたいユーザーです（笑）。余計なことをしないから、心配が少ない。では、やってみましょう。例えば「n」を押します。

（「無効な値です」というアラートが出る）

――あ、「無効な値です」と出るんですね。

――はじめて見た。

では、これはどうでしょう。「p」を押してみます。

（「3.14159265358979323846264338327 95」と表示される）

――3.1415……これって、円周率？

そう。実はこの電卓、数字と演算記号以外にも、いろんなキーに対応しています。押してもなにも起きないキーもありますね。

このとき電卓ソフトはなにをしているのか。普通に計算することだけ考えてると、いまのような要素を見落とします。でも、ソフトを作る立場からすると、ここに大事な問題があるのですね。

つまり、コンピュータは、キーボードだけでも100近いキーがついている。ユーザーはいつでもこのキーのどれかを押す可能性がある。ソフトを作った人が想定していようがいまいが、そんなことにはお構いなしです。ということは、ソフトを作る人は、このことを考慮しておかなければいけません。

――それは面白いです。ユーザー目線だけだと、つい計算機能だけに目がいきます。

――でも、かなり手間のかかることのようにも思える。

さらに言えば、コンピュータにはいろんな入力装置《デバイス》をつなげますね。いまはマウスとキーボードだけですが、例えば、ゲーム用コントローラーとか、指紋認証装置とか、シンセサイザーみたいな鍵盤を接続したとする。このとき、鍵盤で「ド」の鍵盤を叩いたら、電卓ソフトは反応すべきかな。

――しなくていいと思います（笑）。

実際には試してみないとわからないけど、たぶん反応しませんね。そして、反応しなくていい。

作るときにこうしたことに注意しておかないと、想定外のキーを押されたり、想定していない装置からの入力にちゃんと対応しておかなかったばかりに、変なことになることもあります。

ここでひとつ覚えておいてほしいのは、作り手の目線で考えるときは、自分が提供しようとしている機能のことだけを考えていては足りない。自分のソフトで使うキーだけでなく、それ以外のキーが押されたらどうするかということを、きちんとコンピュータに命令しておく必要があるということです。物語に出てくる博士のように、想定外の出来事が起きたときに「そんなこともあろうかと、これを用意しておいたのじゃ！」と、対応するわけです（笑）。

――頼もしい。

それで、ちゃんとそうなっているかどうかを確認するために、ゲーム開発では、終盤になると、ゲームに関係ないキー入力もいろいろチェックしています。

見えないけど記憶している

というわけで、ソフトの立場になって、いまの「1」が入力されたというところを描写すると、こんな感じかな。

（……ん、なにか押されたぞ。どれかな。人間が「1」と設定してるキーか。ふむ、数字なら問題なし。「1」を画面に出そう）

と、こういうステップを経て、電卓の表示部分に「1」が表示される。

それでは次に、電卓の「＋」というボタンを押そう。どうなりましたか？

――なにも起きません。

なにも起きない。えいえい（複数回押す）。何回押しても、なにも起きません。ただし、キーが押されたことは受け取ったという証拠として、ボタンが凹んだ画像を出してる。

それ以外にはほんとになにも起きていないですか？

――いえ、「＋」と入力されたことを記憶している。

──覚えておいてくれないと計算できない。

そう。見た目には「＋」と表示しなくても、記憶しているはず。

次に数字を入力しよう。「3」と。

──表示が「1」から「3」に変わった。

これは電卓を使ったことがあれば、お馴染《なじ》みの挙動ですね。どういうわけか、電卓は、「1＋3」とは表示しないで、そのつど入力された数字だけを表示する。演算記号は表示しない。このソフトもそれを踏襲《とうしゅう》している。

いま頭の中でイメージしてほしいのは、表示ではわからないけど、記憶領域には「1＋3」と入ってるはずだということです。「1」は画面から消えていますが。

では最後に「＝（イコール）」を押そう。これが「答えを出せ」という命令です。

──「3」が「4」になった。

つまりコンピュータ「1と3を足してね」とお願いすると、コンピュータの内部で計算が行われて、答えを記憶領域に置いてくれる。それを画面に表示したのです。

──そこが魔法みたい。僕たちは暗算でわかりますが、コンピュータではどうやってるのですか？

はい。ここのところを「魔法じゃない」とわかることが、今日の目標です。

——「コンピュータが計算する」と聞くと、なんだかやはりコンピュータの中に誰かがいて、計算してくれている、と考えたくなりますね。

それは大事な疑問だから、心にとどめておいてください。ここではいったん、コンピュータが答えを出してくれると思っておいて。これから、プログラム言語やCPUの働きを見ていく中で、どんなふうに計算しているかという謎を明らかにしていきます。


というわけで、電卓ソフトの働きについて、少しじっくり観察してみました。こうしてみると、いっそうはっきりわかるのは、コンピュータは記憶にしまったことを、いつでもユーザーに向けて表示しているわけじゃないということ。Wordを使って、文字の削除についてくわしく見たときにも、同じようなことを考えましたね。記憶領域から消しさるのではなく、ただユーザーに見せないようにしているのでした(132ページ以降を参照)。

——数字は表示するけど、「+」や「=」は表示しない。

——表示しなくても、記憶にはしまわれてある。

これはソフトを作る人がいつも苦心することのひとつです。コンピュータが記憶しているデータのうち、なにをどんなふうにユーザーに見せるかというのは、なかなか考えさせられます。電卓くらいシンプルなソフトでそうなのだから、これがもっと複雑なソフトだったらどうなるか。しかも、記憶の中身を単に並べて表示するだけでもダメなのです。人間というのは、ほんとに贅沢《ぜいたく》なもので、見やすくレイアウトされてないと、「なにこれ、見づらいなあ」と文句を言います（笑）。

プログラムに迫る

これから大きくふたつの段階で、コンピュータのひみつに迫っていきます。さっきは、電卓ソフトを例にして、ユーザーが普段使っている実感のレベルで、ソフトの挙動を見ました。今度は、そのソフトの正体であるプログラムのレベルで見ていきます。そして、それが見えてきたら、最後にプログラムを実際に動かしているコンピュータの心臓部、CPUがどんなふうに働いているかを確認します。

では、まずはプログラムについて。思い出してほしいのですが、コンピュータにができるか、できないかということを考えましたね。

——ハードにできることはできる。

そうでした。次に考えたいことは、いったいどうやってそれらの装置に対して、「これこれをしなさい」と命令しているのかということ。もう少しコンピュータっぽい言葉で言えば、どうやって各種装置を「制御」しているのか。そこで、プログラムの話になるわけです。

プログラムはどこにある?

では問題。プログラムはユーザーから見えないけど、どこにあると思いますか?

――見えないけどある。あるけど見えない。

そう、見えないけどどこかにある。電卓ソフトを操作したときに、「+」や「=」は、見えないけどちゃんと受け付けてもらっていました。それは記憶領域に記憶されていたからですね。

――ということは、ひょっとしてプログラムも……

――記憶領域にある?

ご名答。感じがつかめてきたかな。コンピュータで、見えないけどどこかにあるといった場合、それは記憶領域に記憶されていると考えておいて、まず間違いありません。いま考えてくれたように、プログラムも記憶領域に記憶されています。

みなさんは、新しいソフトを買ってくると、CDからハードディスクにインストールしますね。だなんていう日本語をしゃべると、ちょっとむずむずします（笑）。カタカナだらけの業界用語というか隠語《いんご》みたいで。それはさておき。

――考えてみたら、なにかをインストールしているということはわかるんだけど、なにをインストールしているのか、わかっていませんでした。

それはなかなかいい躓《つまず》きですね。みなさんがインストール（設置する、組み込む、という意味）しているのは、プログラムなんです。

インストールが無事に終わると、プログラムがハードディスクのどこかに置かれる。このとき、プログラムと呼んでいるものは、具体的には0と1が並んだファイルです。そして、このプログラムのファイルをダブルクリックしたり、先ほど電卓ソフトでやってみせたように、コマンドプロンプトからファイル名を入力すると、そのプログラムが起動するわけです。

プログラムって、なに？

さて、インストールが完了したら、プログラムを実行する準備ができます。私たちは習慣的に、プログラムを「実行する」とか「起動する」と言いますね。でも、考えてみるとこれは面白い表現です。そもそも、プログラムを実際に実行したり、起動するのは誰ですか?

――コンピュータ。

だから、「実行する」というよりは……

――実行させる。起動させる。

というわけです。

では、次の質問。プログラムってなんですか?

――ええと、コンピュータに対する命令、ですか。

いったんはそれでよいです。命令は命令なんだけど、どんな命令でしょう。

――どんな?

ちょっとわかりづらい質問でしたね。例えば、電卓ソフトのようなプログラムがあるとして、これはどんな命令でも受け付けてもらえるでしょうか。

――できないです。「これをしてほしい」と思っても、その機能が用意されてないとできません。

――あらかじめ用意されてないことはどんなに望んでもできない。

そこです。あるソフトに注目した場合、そのソフトであらかじめ用意していないことは、絶対にできませんね。例えば、電卓ソフトは印刷できない。プリンターをつないであるパソコンでも、電卓ソフトの結果を電卓ソフトから印刷することはできません。別のソフトを使えば結果的にはできるとしても。ソフトには、それぞれできることとできないことがある。当たり前のことだけど、これは大事。

あらゆる機能を備えたソフト？

――ソフトって、どうして複数に分かれてるんでしょう。電卓ソフト、表計算ソフト、ワープロソフト、というように。なんだか、あらゆる機能を備えたソフトが1本あればいいような気もしてきました。

それは面白い。でもいくつか現実的な問題がありそう。ひとつは、作るのが大変。あれもこれも入れようとすると、当然のことながら、作る人は大変です。

それから、これはこの後の話にかかわるけど、1本のソフトであれもこれも入れると、プログラムが大きくなってしまう。でも、プログラムというのは、ハードディスクから主記憶装置（メモリ）に移して使うものだから、主記憶装置の容量に収まってくれないと困る。
それにプログラムが大きいと、起動に時間がかかる原因にもなります。例えば、Windowsは、パソコンのスイッチを入れてから使えるようになるまでに、20〜30秒くらいかかりますね。これはＯＳのプログラムが大きいから準備に手間取っているわけです。万能ソフトを作れたとしてもきっと重たくなります。

――それはかえってストレスになりそう。

そういうこともあって、ソフトをあれこれひとつにしてしまうよりは、必要な機能だけをまとめるという作り方をするわけです。

――そうすると、ソフトというものは、作る人が、なにを必要だと考えるかによるわけですね。

その通り。この電卓ソフトを作った人は、印刷する必要はないと考えたから、印刷コマンドを用意してない。計算結果をコピーできるようにはしてありますね。

プログラムとソフトウェアはどう違う？

――すみません、ちょっと混乱してきたんですけど、プログラムとソフトウェアって違うものですか？

あ、うっかりしていました(笑)。ソフトウェアやプログラムという言葉、結構ごちゃごちゃに使いがちですが、簡単に整理しておきましょう。

ソフトウェアとプログラムは同じかと言われたら、同じものだと思っていい。ただし、文脈によって使い分けられる。ソフトウェアという場合は、ハードウェアとの対比。プログラムという場合は、単なるデータファイル、つまりエディタで作った文書ファイルとか、画像ソフトで作った画像ファイルといったデータとの対比。

それからよく使われるのは「アプリケーション」ですね。「アプリ」と省略されることもある。これは、本来「アプリケーション・ソフトウェア」という名称。ソフトウェアの分類です。対比されるのは「システム・ソフトウェア」。これはＯＳなどのことですね。

アプリケーションは、英語の application をカタカナにした言葉で、「応用」とか「適用」という意味。ＯＳが、基本となる土台だとすれば、その土台の上に立って、個別の用途に合わせて「応用」を利かせるためのソフトというわけです。

――すっきりしました。

プログラムとは、「前もって書かれたもの」

以上をいったんまとめると、プログラムというのは、あらかじめ特定の機能に向けて用意された命令の塊《かたまり》、くらいに捉《とら》えてよさそうです。

実際、このプログラムというのは、なかなか含蓄《がんちく》のある言葉だと思う。例によってというべきか、古典ギリシャ語の προγραμμα（プログラマ）という語に由来している。これは προγραφω（プログラフォー）という動詞の名詞形です。ギリシャ語で προ（プロ）というのは、「前もって」という意味の接頭辞。例えば、プロローグ（prologue）とエピローグ（epilogue）というのは、それぞれ「序文」「あとがき」というギリシャ語に由来している。エピは「後で」という意味です。

それから γραμμα（グランマ）というのは、書いたものという意味。タイポグラフィとかグラフィックといった書くことにまつわる言葉に受け継がれている。

こういう言葉の来歴から、プログラムについてなにか推測できそうですか？

――前もって書いてあるもの？

そういうこと。学校の文化祭とか運動会、会社説明会とかセミナーなどでもプログラムと言いますね。あれは要するに前もって、「こういう順序で物事を進めますよ」と決めたことを、書いてあるもの。それに沿って物事を進めていくわけです。古典ギリシャ語としては、「公示」「公表」といった意味もあったようですね。あらかじめ書かれて掲示されるということだろうと思います。

では、質問。コンピュータのプログラムには、前もってなにが書いてある？

――コンピュータに対する命令。

――これをして、ということ。

そう。でも、なんだか変な感じがしませんか？　どうして前もって命令なんかできるのでしょう。そもそも前もって命令するって、どういうことだろう。

――それは……

――プログラムする人が、仕組んでおく。

いいですね。なにを仕組んでおきますか？

――ええと、いざとなったらなにをしたらいいか、どうすべきかを仕組んでおく？

具体的にはどんなことでしょう。

――もし、「1」が押されたら、画面に「1」を表示するとか。

そうそう。「もし」というのは大事ですね。

ちょっとプログラムを作る人の立場を想像してみてください。いまプログラムを作っている最中で、電卓ソフトは完成していない、動いていないとする。そこで考えるわけです。将来、誰かがこのプログラムを使う場合、この電卓でなにをしてもらえるようにしておこうか、と。つまり、前もって「もし、こういう状態になったら、これをせよ」という形で、命令を仕組むのがプログラマーの仕事なのです。

では、そういうつもりでもう一度電卓ソフトについて考えてみましょう。電卓のプログラムでは、前もってなにが命令してありますか。

――もしも、ユーザーが計算式を入力したら、それを計算すること。

いいですね。でも、計算の前に、他にもしないといけないことはありませんか。

――あ、まずは画面に電卓らしい画像を表示すること。

――後は、ユーザーが入力したものを画面に表示したり、しなかったりすること。

はい。このためにちょっとしつこく電卓ソフトを眺めたわけです。こういういくつかのことを、前もって命令しておく必要がありますね。「もしも、ユーザーがこういうリクエストをしてきたら、……しろ」というふうに。

なにしろプログラムは、いったん完成して、プログラマーの手を離れてしまえば、後はいろんな人のコンピュータにインストールされて使われる。プログラマーとしては、せいぜい手放す前に、いろんな事態を想定して、電卓なら電卓の機能をきちんと提供できるようにしておく必要があるわけです。しかも、いろんな人がいろんな使い方をするから、想定外のことをされてプログラムがおかしくなったりしないように前もって対処しておく必要もある。

——まさに、「こんなこともあろうかと」の世界ですね。

その通り。だから、商業用ソフト開発では、多様なユーザーや多様なコンピュータ環境を念頭において、仕様、つまりそのソフトでできることや、インターフェイスを設計しています。しかも、公開前には、いろんなパソコンの設定で、ほんとにちゃんと動くかチェックしたりもしますが、これがなかなか大変です。

電卓のソフトがやっていること

今度はプログラムの観点から、電卓でやっていることを箇条書きで並べてみます。

①もしプログラムが起動されたら、電卓の画像を画面に表示せよ。
②入力されるのを待て。
③もしユーザーが入力したら、その入力の内容をチェックせよ。
a.もし入力の内容が、数字だったら、記憶して、画面に表示せよ。

b.もし入力の内容が、演算記号だったら、記憶せよ。

c.もし入力の内容が、「=」だったら、それまでに記憶した計算を行い、結果を画面に表示せよ。

d.もし入力の内容が、プログラムの「終了」だったら、プログラムを終了せよ。

e.もし入力の内容が、それ以外だったら、何もするな。
④②に戻れ。

——すみません。電卓は④みたいなこと、してない気がするのですが。

見た目にはそうですね。でも考えてみてください。①②③という順でプログラムを実行するとして、④がなかったら、どうなりますか?

——ええと……終わっちゃう。

そう、ユーザーが終了するまでは、勝手に終わったら困りますね。

それと、ひょっとしたら、③c.の「計算を行い」というところは、いまの段階だと、戸惑うかもしれません。まさにその計算を、どうやっているかということが謎のままだから。これはもう少し先でわかるので、謎のままにしておきます。

これで、さっき実際に電卓ソフトを触りながら観察したことを、一種の規則のように書き下せました。右の処理で「1＋3＝4」という、先ほどの計算がうまくいくかどうか、試してみてください。もっと他の例、例えば「128×65÷2」の場合や、途中で「A」キーを押した場合も。

――うまくいきます。

もちろん、実際の電卓ソフトには、他にもいろんな機能があるし、ひとつひとつの要素にもいろいろな条件がついたりします。でも、ここでは細かいところはおいといて、電卓の中心的な機能に話を絞っておきます。というのも私たちの目下の目的は、こうした機能が一体どうやってプログラムで実現されているのかを実感することだから。

実は、言ってしまえば、これがプログラムの正体です。

――え？

――プログラムって、英語のような記号がずらっと並んだものなのでは？

そう。ふつうは、すぐにプログラム言語やその文法を連想しますね。でも、ここもまた大事なことなんですが、いま一緒に確認してきたように、どうしてプログラムを作るのかといったら、いざ必要になったとき、コンピュータに特定の仕事をしてもらうためでした。つまり、コンピュータが備えている装置をどんなふうに駆使して、ユーザーがやりたいことを実現するかということですね。電卓なら、入力された式を計算して結果を表示するということ。

そして、こういうことは、まず日常的な言葉で考えるものなのです。こうしたい、ああしたい、あれをさせようというふうに。

――コンピュータというよりは、それを使う人間の視点ですね。

まさにその通り。コンピュータについて考えようとするとき、そこを飛ばして考えるとわけがわからなくなります。この講義の最初に「実感」を大事にしながら考えようと言ったのはそういうことなのです。

コンピュータになにをさせたいのか

ときどきプログラムを学んでる人から、「文法はなんとか覚えたんだけど、自分でプログラムを組めなくて困ってます」という相談を受けます。なぜそうなるのか。一種の本末転倒が起きているからだと思う。

コンピュータを使って、こういうことをさせたいという希望や要望が最初にあって、それじゃあそのための道具であるプログラム言語を学ぼうとなれば、こういう困り方はしません。ぜひともやりたいことを持っている人は、たとえ、ちょっとくらい文法知識があやふやでも、自分がコンピュータにやらせたいことに向かって、「こうかな？」「こんなプログラムの仕方でいいかな？」と、試行錯誤を重ねます。そうすると、やってるうちにわかるようになるのですね。

でも、いくらプログラム言語を覚えても、その前に、コンピュータになにをしてもらいたいか、という動機がないと、うまく使うのは難しいのです。

――使い道がないまま英会話を習うようなものですか。

はい、とても似ています。もちろん趣味で学ぶのはいいんだけど、プログラムにしても外国語にしても、知識として知っておきたいとか、研究しようという人を除けば、なにかに使うために身につけるものですね。だから、プログラムを学びたいという人に相談されると、嘘でもいいから「これを作ろう！」という動機を持つか、目標を設定するといいよとアドバイスしています。

――コンピュータの話だから、てっきりハードやソフトのことを知るのが大事かと思っ

たら、ユーザー自身のことでもあるのですね。

「汝自身《なんじ》を知れ」ではありませんが、コンピュータという道具が面白いのは、使う人がなにをしたいと思っているのかということが問われるところなんですね。

というわけで、プログラムについて考えるときにも、まずはコンピュータにさせたいこと、命令したいことを日本語なり何語なり、自然言語（プログラム言語や人工言語ではなく人間が自然に習得する言語）で明確に書いてみることが重要です。実際のソフト開発では、これを「仕様書」という文書にまとめます。逆に言えば、この段階でなにをしたいかをはっきり表現できないと、プログラムすることも覚束《おぼつか》ないわけです。

――そうすると、プログラム言語だけじゃなくて、日本語なり英語なりの言語もおろそかにできないわけですね。

むしろ、とても大事です。

さて、ここまでの話がわかるとプログラム言語の理解も、そんなに難しくありません。

――え、そうなんですか？

――むしろここからが大変かと思った。

そう思うでしょ？　でも、そんなことはありません。

要するに、先ほど①②③④というふうに日本語で書いた「命令」を、プログラム言語に翻訳すればいいのです。つまり、コンピュータが備えているハードの機能を、どういう順序でどんなふうに働かせるか、という命令に置き換えればいいわけです。

機械の言葉

ここで少し整理しておきましょう。一口にプログラム言語といっても、実際にはいろんな種類があります。コンピュータを理解するという観点からすると、大きくふたつに分けられる。

①機械の言葉――機械語、低水準言語（アセンブリ言語）
②人間の言葉――高水準言語（FORTRAN, COBOL, PL/1, BASIC, C, PASCAL, C++, Java など）

機械語というのは、CPU（中央処理装置。プログラムを実行する部位）が「理解」できる言葉。英語で machine language なので、「マシン語」と訳されたりもします。

つまり、機械語で命令すれば、ＣＰＵはそのままその命令を受け取って、働いてくれる。

　でもこれは、機械の言葉、０と１で表現されるから、そのままでは人間には扱いづらい。そこで、数値である機械語を、人間にわかる記号で言い換えたのがアセンブリ言語です。機械語とアセンブリ言語で同じことを書いて並べてみると、違いが実感できると思います（図18）。

　ここでは、機械語を16進数で書いています。肝心なことは、機械語のような数値でプログラムを書けと言われても困るけど、アセンブリ言語のような記号なら、把握しやすいということ。かつては、いきなり機械語でプログラムする猛者《もさ》もいたようですが。

――機械と通訳なしでしゃべってるみたいです。

　まさに。ここではアセンブリ言語の記号がなにを意味しているのかは、わからなくて構わない。ただ、アセンブリ言語でプログラムすると、それが機械語に翻訳されて、ＣＰＵが理解できるという仕組みを押さえてください。

機械語	アセンブリ言語
3E FF	LD A, FF
06 01	LD B, 01
80	ADD A, B

図-18 機械語とアセンブリ言語

——すみません、その「翻訳」は誰がするんですか？

いいところに気付きました。誰がやってもいいです。つまり、人間が自分で、「LDAは、3Eで……」というふうに翻訳してもいいし、それが面倒なら、翻訳してくれるプログラムを作ってしまえばいい。

——そんなこともできちゃうんですか。

——翻訳って聞くと、たいへんそうなイメージが。

そう、英語を日本語にするとかその逆とか、自然言語の翻訳を連想すると、なんだかとても大変そうですね。シャーロック・ホームズものが、訳者によって訳文が違っていたりするのを見ると、けして一対一に翻訳されるわけではないことがわかる。ときには誤訳が生じるかもしれない。それに、漱石の『吾輩は猫である』の冒頭みたいに、英語やフランス語にうまく翻訳できないなんて場合もある。

——冒頭って、「吾輩は猫である。」ですか？

そう。英訳では"I am a cat."、フランス語訳では"Je suis un chat."と訳してるけど、「吾輩」という独特の感じは消えてしまっています。

——確かに（笑）。

自然言語の翻訳では、そんなふうにいろいろ厄介なことがある。でも、プログラム言語では、元の文章（この場合、アセンブリ言語）が文法的に間違っていない限り、翻訳に困ることはない。なぜかというと、一対一対応で言葉を置き換えればいいからです。

——迷いがない。

——文字通り機械的に置き換えられるということですか？

そう。ちなみに、アセンブリ言語で書かれたプログラムを機械語に翻訳するためのプログラムを、アセンブラー（assembler）と呼びます。

——アセンブルしてくれるもの。組み立てるもの。

こういうアセンブリ言語みたいなプログラム言語は、「低水準言語」と呼ばれたりする。といっても、程度が低いという意味ではありません。

——ひょっとして、英語からの翻訳のせいでしょうか。

その通りです。こんなふうに捉えておいてください。つまり、コンピュータ全体を考えるときに、ハードが一番基礎、土台にあって、一番上にユーザー、人間がいるような図を考えてみましょう（199ページ、図19）。そこで、ハードに隣接していて直接やりとりできる言語は機械語です。その次に近いのがアセンブリ言語。ハード、マシンにほぼ直接話しかけられる言語を低水準言語(low-level language)というわけです。

これに対して、高水準言語（high-level language）と呼ばれるプログラム言語があります。これらの言語は、CPUやハードに直接命令するのではなくて、もう少し人間よりに作られている。いま見た図で言えば、上のほうにあります。

どういうことか。コンピュータを使う観点から考えると、コンピュータに命令したいことは、さっきの電卓みたいにこんなふうに表現されます。

①もしプログラムが起動されたら、電卓の画像を画面に表示せよ。
②入力されるのを待て。
③もしユーザーが入力したら、その入力の内容をチェックせよ。
a.もし入力の内容が、数字だったら、記憶して、画面に表示せよ。

b.もし入力の内容が、演算記号だったら、記憶せよ。

c.もし入力の内容が、「＝」だったら、それまでに記憶した計算を行い、結果を画面に表示せよ。

d.もし入力の内容が、プログラムの「終了」だったら、プログラムを終了せよ。

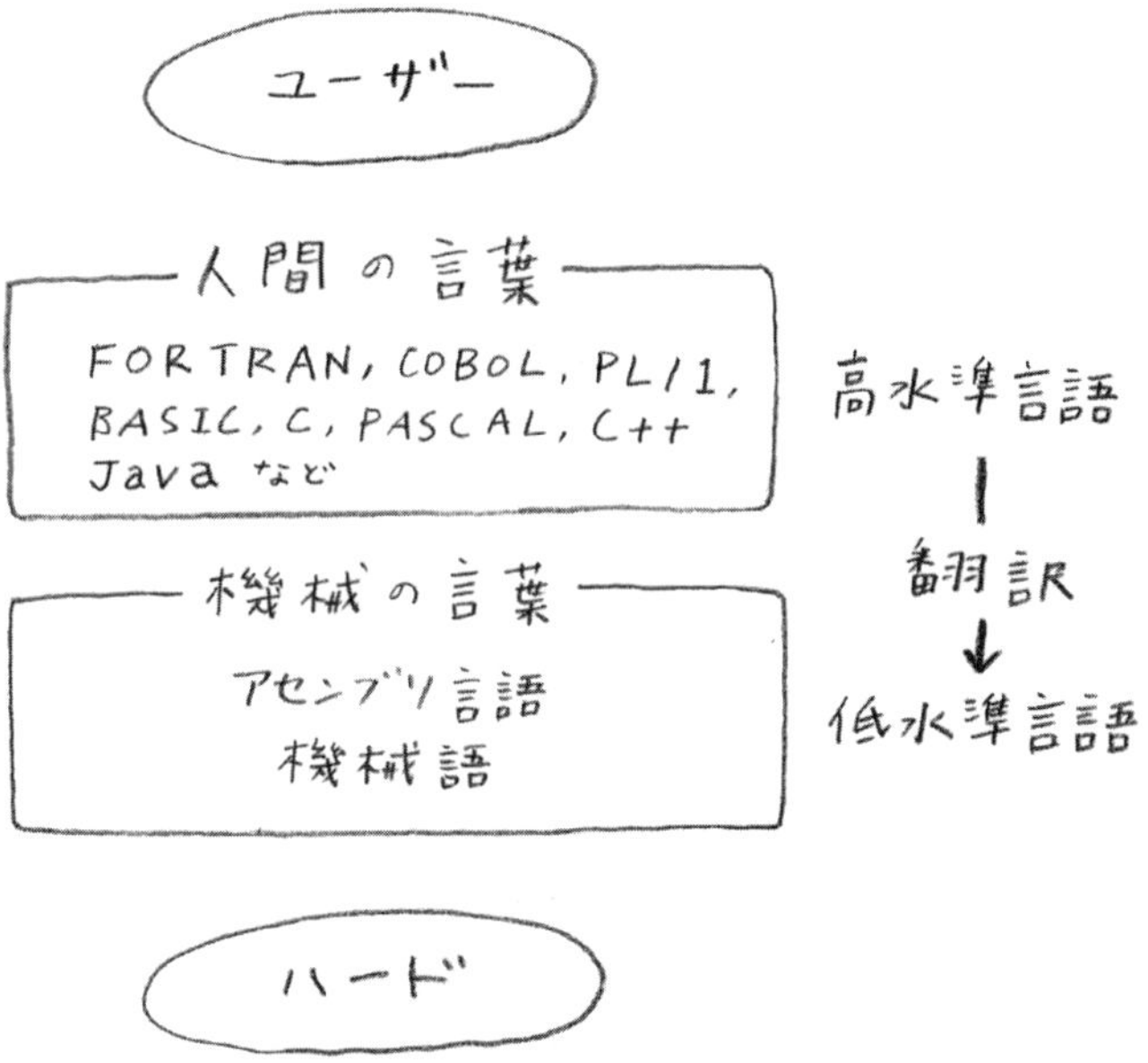

図-19 高水準言語、低水準言語

e. もし入力の内容が、それ以外だったら、何もするな。

④ ②に戻れ。

でも、この命令は、そのままでは機械語やアセンブリ言語で表現できません。なぜかというと、機械語やアセンブリ言語で扱えるのは、後でもう少し詳しく述べるように、単純な演算と記憶領域への読み書き、それと装置へのごく基本的な入出力くらいだからです。

そこで、右のような複雑なことをやろうと思ったら、単純な機械語の命令を大量に組み合わせる必要があります。でも、毎回そんなふうにプログラムをするのは大変なので、「画面に絵や文字を表示する」ということをひとまとめにして、手軽に扱えるように、高水準言語を作ったというわけです。

それから、高水準言語を使うメリットは、ハードの違いをあまり気にしないでいいことです。細かいところではもちろん調整が必要ですが、このパソコンとあのパソコンのハードの違い、みたいなことをあまり考えなくていい。低水準言語は、ハードにとても近いから、ハード固有のお作法に縛《しば》られます。そうすると、ＣＰＵが違えばプログラムも自ずと違ってくる。でも、高水準言語では、そこまで考えなくても、間に入る翻訳者がCPUに合わせて翻訳してくれるのです。

――種類がたくさんあるのはなぜですか。

高水準言語にいろいろな種類があるのは、1940年代くらいから歴史的に変遷《へんせん》してきたことや、重視したいポイントによって設計が違ったりするからです。

――ゲーム開発では、どういう言語を使ってるんですか？

現場によっていろいろですが、私の経験ではC《シー》言語やC++《シープラスプラス》言語が中心です。ハードと直接話したほうがいい箇所は、必要に応じてアセンブリ言語も使います。ネット用のソフトならJava《ジャバ》。それぞれ得意、不得意など、いろんな特徴があるけど、まずはこれから話すポイントを押さえてくれたらOKです。

電卓のプログラムを見てみよう

そこで、先ほど日本語で書いた命令を、高水準言語で書き直してみましょう（202ページ、図20）。ただし、ここに書くプログラムは、説明のために私がこしらえた半分架空のものです。大事なことは、プログラム言語の細かい点ではなくて、日本語で考えた命令を、どんなふうにプログラム言語で表現するかという感覚です。

プログラム開始（次の行へ進め）

ディスプレイに電卓の画像（calculator.bmp）を表示せよ（次の行へ進め）

★（以下を実行せよ）

　キー入力を key と名付けた記憶領域に記憶せよ（次の行へ進め）

　①もし記憶領域 key の内容が数字なら、次の行へ進め。さもなくば②へ進め

　　key の内容を memory と名付けた記憶領域に記憶せよ（次の行へ進め）

　　ディスプレイに記憶領域 key の内容を表示せよ（次の行へ進め）

　　（次の行へ進め）

　②もし記憶領域 key の内容が演算記号なら、次の行へ進め。さもなくば③へ進め

　　key の内容を memory と名付けた記憶領域に記憶せよ（次の行へ進め）

　　（次の行へ進め）

　③もし記憶領域 key の内容が = なら、次の行へ進め。さもなくば④へ進め

　　memory の内容を計算して、結果を記憶領域 answer に記憶せよ（次の行へ進め）

　　ディスプレイに記憶領域 answer の内容を表示せよ（次の行へ進め）

　　（次の行へ進め）

④記憶領域 key の内容が ESC（終了）でなければ、★に進め（戻れ）。ESC なら次の行へ進め

プログラム終了

```
start;
show("calculator.bmp");
do {
    key = GetInputStatus();
    if (key >= 0 and key <= 9) {
        memory = key;
        show(key);
    }
    if (key == "+" or key == "-" or key == "*" or key == "/") {
        memory = key;
    }
    if (key == "=") {
        answer = calculate(memory);
        show(answer);
    }
} while (key != "ESC")
end;
```

図-20 電卓ソフトの簡易プログラム

左側が、電卓ソフトのプログラム。ここでは、理解のために、実際のプログラムから細かいところを省いた簡易バージョンとなっている。右側は、プログラムを一行ずつ日本語訳したもの。

――……。

――ええと……。

あ、ひょっとして「たばかられた！」とか思ってますか？（笑）ここからは難しくないって言ったのに、みたいな。

――ちょっと、思いました。

――僕はかなり思った（笑）。

――ショッキングでした。

大丈夫、ここまでの話がわかっていれば、恐れる必要はありません。

図20の左側のプログラムの部分は、先に箇条書きした命令を、20行くらいのプログラムにしたものです。将来もっと興味がわいたら、じっくり見直してください。ここでは、それよりも右側に書いた日本語のほうにご注目。

――ちょっと安心しました。

右側はプログラムで命令している内容を、1行ごとに日本語に翻訳したものです。

1行目から順に実行される

では、観察していきましょう。まず、大事な特徴は、始めと終わりがあること。

――プログラム開始と終了ですね。

そう、必ず始まりと終わりがある。当たり前に思えるかもしれないけど、これは大切です。プログラムというのは、ふつう1行目から順々に実行されて、1行が処理し終わると、次の行に進むというふうになっています。

左側のプログラムで、行末に「;」と書いてあるところは、「命令はここまでで一区切りだから、終わったら次に進め」という意味。それを日本語のほうでは「次の行へ進め」と書いておきました。

――じゃあ、コンピュータはこのプログラムを受け取ったら、1行目から順番に仕事をしていくわけですね。

はい。それで、「プログラムはこれでおしまい」という行に辿り着いたら終わりです。WindowsやMacで、使い終わったプログラムを閉じると、画面から消えますね。あんなふうにプログラムは終了になる。

――逆に言うと、「これでおしまい」という行に辿り着かない限り、終了しないんですか？

実は、それがポイントです。このプログラムにも、そういう仕掛けが入っているから、これから見てみましょう。

動詞だけ読むと単純

さて、まずは細かいことを気にせず、コンピュータになにを命令しているか、見てみましょう。日本語訳で下線を引いておいた動詞の部分だけ読んでみてください。

――表示せよ、記憶せよ、次の行へ進め、どこそこへ進め、記憶せよ、表示せよ、計算せよ……あれ？

――それしかない？

その通り。煩瑣《さまつ》になりすぎるから書いてないこともあるけど、基本的にはそういうことなんです。電卓を考察しながら抽出してみたのと、そんなに隔たってないでしょう。

――はい。少し詳しくしたというか、遠くから見ていた森に近づいてみたら、木の枝振りが見えてきたような感じがします。

――しかも、やってることは、基本的にこれまで見てきたことですね。

そう思ってもらえれば、一見遠回りしてきた甲斐《かい》がある。これは大袈裟でもなんでもなく、プログラムってこういうものなのです。

――え、じゃあ、通信対戦とか、３ＤのＣＧをバリバリ使ったゲームなんかもそうなんですか？

基本的には一緒です。３Ｄ画像なら、表示する物体について、三次元の座標でカメラ位置からの見え方を計算したり、動きを決めるための運動方程式の計算をしたり、光の当たり具合を決める光源と物体の位置関係の計算をして、特殊効果などを処理した結果のデータを、記憶領域に記憶して、それをディスプレイに出力するわけです。そのとき行う計算では、高校の数学や物理で習う代数幾何やベクトル、行列、それから運動方程式などを使います。

――ということは、そういうグラフィックを作りたかったら、その辺りのことはわからないとダメですか？

はい。そこはさすがにある程度わかってないと作れません（笑）。

それから、ネットワークを使ったゲームでも、要するに、自分のパソコンのキーボードやマウスからデータを入力するだけじゃなくて、ネットワークでつながっている他のコンピュータからもデータを入力すると考えれば話は簡単でしょう。ネットワークから入力されたデータが、自分のパソコンの記憶領域に記憶されて、後は一緒。

――そういうふうに捉えればいいんですね。

そう、見た目の複雑さに惑《まど》わされないで捉えてみれば、存外シンプルなものです。

記憶領域に名前をつける

では、中を見ていきます。日本語訳のほうで理解してもらえればよいです。まず202ページの2行目から。ここでは、画像をディスプレイに表示せよと命令している。ディスプレイという出力装置に向けて、calculator.bmpという画像ファイルのデータを表示しろということです。ほんとはshowという命令の中で、さらに細かいことをしているのですが、ここでは省略します。

――ここは直感的にもわかりやすいです。

それから、3行目はdoとしか書いてない。

――とても直接的。

これは実際にある文法です（笑）。16行目に出てくるwhileとセットになっている。「ある条件が満たされてる間は、do～whileに挟まれている命令を繰り返してね」という意味です。これでループを作っているのです。条件については後で見ましょう。

さて、4行目はどうかな。これも日本語訳で見てみましょう。

――「キー入力をkeyと名付けた記憶領域に記憶せよ」。

ここで「キー入力を」というのは、キーボードやマウスから入力された内容という意味。その内容を、keyという名前をつけた記憶領域に記憶しなさいと命じてる。

――それを、key = GetInputStatus() というプログラムでやってるんですか。

実際にはさらに詳細なプログラムがあります。でも、これも中身は省略します。これで、キーボードから入力を受け取ると思っておいてください。

――記憶する場所は、名前で指定するんですか?

本来なら、記憶領域のアドレスを数値で指定して、「この位置にこのデータを記憶しておいてね」と命令すべきところ。だけど、それだとあまりにも煩雑になってしまう。そこで、プログラマーが名前をつけると、コンピュータのほうで適当な記憶領域を割り当てるようにしてあるのです。

――名前というのは、自由につけていいんですか?

はい、プログラマーが自由につけて構いません。こういうのを「変数」と呼びます。英語でvariable、変化できるものという意味。ただし、プログラム言語が文法用語として使ってる語、例えば、whileとかはダメということにしてある。まぎらわしいから。

こんなふうにして、入力された内容を記憶領域にしまっている。例えば、電卓を操作したときのことを思い出してみましょう。「1+3=」と入力しました。いまは、「1」を入力したところだと思ってください。keyという変数にはなにが入ったでしょう。

――1？

そう。では、そのままプログラムの先を見ていこう。

分かれ道も作れる

5行目にifって出てきますね。

――「もし」。

これがプログラムの勘所のひとつです。なにしろプログラマーは、自分の手を離れるまでの間しかプログラムを世話できない。だから、事前に「もし、こういうことがあったら……せよ」ということを、できるだけ命令しておきたい。

そこで、5行目の骨組みと動詞部分にご注目。条件の詳細を省略するとどうなる？

――「もし……なら、次の行へ進め。さもなくば②へ進め」。

これはなにをしているのかな。

――「②へ進め」というのは、文字通りプログラムの②へ進むんですか？

そう、間を飛ばして②へジャンプします。

――双六《すごろく》みたい。

そんなふうに考えてもいいですね。プログラムでは、このように、次の命令へ進むだけではなくて、プログラムの別の場所へジャンプすることもできる。これは、プログラマーにとってはとても強力な道具です。

例えば、同じようなことを何度も命令したい場合、「①……せよ」「②①へ戻れ」という順序で命令しておけば、ずーっと①の命令を繰り返し実行できる。こういうのをループと言います。ループというのは「輪」という意味ですね。有限の命令で無限を作り出せるのがミソ。

——でも、それじゃ終われない?

ええ、そこで、後で見るようにループから脱出する条件も用意するのです。

計算と演算

それから、前準備としてもうひとつ、重要な言葉の整理をしておきましょう。

これまでのところ、「計算」という言葉と、「演算」という言葉を、ほとんど区別せずに使ってきました。基本的には同じ意味で捉えてくれて構いません。ただ、語源を見ておくと、これから話すことの見通しがよくなると思うのです。

――やっぱり違いがあるんですか？

日本語だけ見てるとわかりづらい差があります。

まず「計算」から。日本語としては、古くは15世紀くらいの文献にも出てくる比較的古い言葉で、「算計」とも書かれていました。おそらく明治期前後に、西欧から数学を輸入する際、calculate の訳語としてこれを改めて使ったのでしょうね。ちなみに、calculate の語源は、ラテン語の calculus で、「石で数える」という意味。

これに対して「演算」のほうは、古い文献であまりお目にかからない。私が見落としてるだけかもしれないけど、それこそ明治期に作られた訳語ではないかと思う。訳語としては、数学用語の operation に対応しています。operation は、語源的にはラテン語の operor、つまり、「従事する」「遂行《すいこう》する」に由来する。英語では、操作、働き、作戦といった意味ですね。

だから、計算と演算はいったん同じだと思っていいんだけど、演算（operation）には、計算（calculate）に限定されない感じがあるのも確か。特に「操作」とか「働き」という意味は、コンピュータのことを考える際にはしっくりくる。

――演算というのは、なにかもっと特別なことかと思ってました。

「判断」のためのふたつの演算

というわけで、このことをふまえて図20（202ページ）5行目のifから始まる文章（if文）の内容を見ていこう。先に大きな流れを言うと、ここから15行目までは、入力されたキーがなんなのかを調べている。つまり、入力されたキーが、数字なのか、演算記号なのか、「=」なのかをチェックして、それぞれの場合に応じた適当な処理をしているわけです。電卓ソフトを触ってみたときも、入力されたキーの種類によって反応が違っていましたね。

――画面に表示されたり、されなかったり、結果を出したり。

では、そのつもりで、5行目の日本語訳をもう一度見てみよう。

――「もし記憶領域 key の内容が数字なら、次の行へ進め。さもなくば②へ進め」。

ここで大事なことは、記憶領域に記憶してあるデータが、数字かどうか判断しているということ。「判断」というと、なんだか人間みたいだけど、そうではない。言ってしまえば、比較してるだけです。

――具体的にはどんなふうに比較してるんですか？

日本語訳ではそこを省略してありましたね。もう少し詳しく言うと、こうなる。

「もし記憶領域 key の内容が〈0以上〉かつ〈9以下〉なら、次の行へ進め。さもなくば②へ進め」

こういう場合、具体例で考えると腑《ふ》に落ちると思う。さっき、電卓に1が入力されたところを想定しましたね。そうすると、いま記憶領域 key の内容は1です。つまり、右の命令は、こんなふうに言い換えられる。

「もし1が〈0以上〉かつ〈9以下〉なら、次の行へ進め。さもなくば②へ進め」

どうでしょう？　ここで「もし……なら」の結果次第では、プログラムの進み先は分岐《ぶんき》するわけだけど、この場合、どっちに進むだろう。

——えーと、1は0以上だし、9以下だから……「次の行」へ進みます。

その通り。ここで何をしているかというと、3つのことを確認している。

①記憶領域 key の内容は0以上か？

②記憶領域 key の内容は9以下か?
③①かつ②か?

①と②は、要するに、key と名付けた記憶領域に記憶されているデータと、0とか9という数値を比較している。ふたつのデータの大小関係を比較しているわけです。こういうのを「関係演算」とか「比較演算」と呼びます。

——関係の演算?

関係演算

耳慣れないかもしれない。「関係に関する操作」と読み替えるといいかも。ふたつのデータの大小関係とか、等しいか等しくないかといった関係を判断する演算です。

——判断するということは、なにか結論みたいなものが出るんですか?

判断結果は「その通り!」か「違うよ!」のどちらか。つまり、コンピュータに「記憶領域 key の内容は0以上なの?」と、判断するように命令する。そうすると、「key の内容」と「0」というふたつのデータを受け取ったコンピュータが、両者を比べて答えを出す。「そうです」とか「違います」というふうに。

例えば、keyの内容が1なら、「1は0以上なの?」という判断を命じていることになる。この場合、コンピュータはなんて答えると思いますか?

——1は0以上だから、「その通り!」。

——わざわざ判断させなくてもわかりそうな気もします。

そう思えるくらい単純なことですね。でも、思い出してください。keyという記憶領域には、ユーザーが入力したなにかが入ってるわけだけど、それはいろいろな可能性がある。それで、なにが入ってるかわからないkeyの中身を確認するために、5行目のような命令をしてるのです。9行目、12行目も同様。

a==b	aとbは等しいか?
a!=b	aとbは等しくないか?
a > b	aはbより大きいか?
a>=b	aはb以上か?
a < b	aはbより小さいか?
a<=b	aはb以下か?

図-21 関係演算

さて、いま見たのが関係演算。プログラム言語でよく使われる関係演算には図21のようなものがある。

プログラムの書き方はともかく、日本語訳を見る限りでは、やっていることはとても単純。結局どれも「その通り！」か「違います！」のどちらかの結果が出る。プログラム用語では、「その通り！」を「真（true）」と言い、「違います！」を「偽（false）」と言う。2進数では、真＝1、偽＝0と対応させたりします。でも、ここでは考え方を理解することを重視したいから、「その通り！」と「違います！」で通します。

——イエス、ノーがはっきりしてる。

もっと言えば、あいまいなことができない。

では、②はどうかな。keyの内容は1だとして。

——1は9以下だから、「その通り！」です。

ということです。

論理演算

さて、ここまでの話でまだわからないのは③ですね。「①かつ②か？」というのは、もう少し丁寧に書くとこうなる。

「〈①の結果が「その通り!」〉かつ〈②の結果が「その通り!」〉か?」

——ちょっとくらくらします(笑)。

無理もありません。でも、落ち着いて考えれば大丈夫。右の命令を言い換えると、「①も②も「その通り!」か?」と尋ねているわけです。だから、①と②の結果がわかってさえいれば、そんなに難しくない。

迷いそうになったら具体例で考えましょう。key の内容が1の場合、①と②はどちらも「その通り!」でしたね。

——はい。

では、③はどういう結果になりますか。

——その結果も、「その通り!」か「違います!」のどちらかなんですか?

その通り! って、かえってまぎわらしいですか。そうです。

——①も「その通り!」で、②も「その通り!」だから、③も「その通り!」です。

そうですね。では、仮に key の内容が30だったらいかがでしょう。

——ええと、30は0以上だから①は「その通り!」で、9より大きいから、②は「違います!」となる。

そうすると、③の結果はどうなりますか?

——①②が両方「その通り!」というわけではないので、「違います!」ですか?

正解。

——パズルみたいです。

確かに。面白いのは、こうした判断を組み合わせることで、コンピュータにいろんな状態の違いを区別させられるということなんです。それで、この電卓のプログラムのように、「入力されたものが数字だったら……」「演算記号だったら……」「イコールだったら……」と、処理を適切に振り分けられる。逆に言うと、こうした仕組みがなかったら、区別をするのは難しい。

そんなわけで、もう少し説明を続けよう。いま、日本語訳で「かつ」と書いた部分がポイント。左側のプログラム(図20、202ページ)のほうで、「かつ」に該当する語がわかるかな。

——and。

それです。同じような仲間として、orというのもある。これは日本語に訳せば「または」という意味。9行目に出てくる。そこをさらに詳しく訳すとこうなる。

「もし記憶領域keyの内容が〈＋に等しい〉または〈－に等しい〉または〈＊に等しい〉または〈／に等しい〉なら、次の行へ進め。さもなくば③へ進め」

これもめんどうな感じがするかもしれないけど、恐れることはない。keyと名付けた記憶領域には、なにが入ってるかわからない。それが「＋」か「－」か「＊」か「／」のどれかなら、次の行へ進めと言っている。いずれでもなかったら③へ進めということですね。なお、コンピュータでは、「＊」で「×」を、「／」で「÷」を表します。

例えば、keyの内容が「1」だったらどうかな。

——1は、＋でも－でも＊でも／でもない。どれでもない。

——ってことは、③へ進む。

その通り。では、keyの内容が「?」だったら?

——?は、やっぱり＋でも－でも＊でも／でもないから、③へ進む。

つまり、この9行目では、入力されたキーが演算子かどうかを確認しているわけ。

こういうandやorを「論理演算」と言います。

こんなふうに一口に「演算」といっても、「関係演算」もあれば「論理演算」もある。これとの対比で言うと、普通の計算のことは「算術演算」と言います。

——これを全部ひっくるめて「演算」とか「計算」と言ってるんですね。

そうです。単に「1＋3」のような計算（算術演算）だけではなくて、記憶領域の内容同士を比較したり（関係演算）、こうした演算の結果同士を論理的に扱う（論理演算）ということまで、全部「計算」とか「演算」と呼んでいるわけなのです。

ここで改めて押さえておきたいのは、これらの演算は、いずれもコンピュータの記憶領域にあるデータに対して行うものだということ。記憶されている複数のデータを使って、なんらかの「操作（演算）」を施《ほどこ》し、結果を出す。

——結果も記憶領域に記憶されるんですか？

プログラマーがそうしなさいと命令すれば記憶されます。

ぐるぐる回る

そうすると、後はif文（もし……だったら……せよ、という文）の中を見ておけばいい。

例えば、入力されたキーが1だとしたら、図20（202ページ）のプログラムの5行目は「その通り!」という結果になるから、すぐ次の行に進むことになる。これはさっき見た通り。

――次の行はなにをしてるんですか?

6行目では、key の内容を、memory という別の記憶領域にコピーしています。

――記憶領域同士でコピーできるんですね。

――でも、どうしてわざわざそんなことをするんですか?

確かに、ここまでのところでは意味がわからないですね。後で謎が解けるから、ここでは key の内容を別の場所に保存するんだと考えておいてください。

7行目はなにをしているかというと、これは画面に key の内容を表示せよと命令している。電卓で数字を入力した場合、画面にその数字が出た。あの挙動です。そうすると、次は8行目。ここは「さっきのif文に対応する命令はここまでですよ」という印だから、そのまま次の行へ進む。

9行目はまたif文。key はあいかわらず1のまま。ここはどうなりますか。

――ええと、どの演算記号でもないから、③へジャンプする。

その通り。③は行数でいうと12行目。またif文。ここはどうでしょう?

――「key の内容が=に等しいなら」……でも、key は1。

判断の結果は、どっちですか？

――「違うよ！」ですね。

ご名答。そして、その結果、どうなりますか？

――「さもなくば④へ進め」。

どんどんスキップしますね。とうとう16行目に辿り着いた。先にdoの話をしたとき、ループから脱出する条件については後でと言った。それがここです。

whileというのは、英語で「……の間」という意味なので、想像しやすいかな。whileに続くカッコの中身が条件です。この条件が満たされている間は、doとwhileの間に書いてある命令を繰り返せということ。つまり、条件が満たされていたら、3行目に進めということですね。逆に条件が満たされなかったら、次の行へ進む。

では、どんな条件か。

「記憶領域keyの内容がESCではない」

――否定形なんですね。

そう。入力されたものがESC（エスケープ）でない場合は、3行目へ進む。つまり、戻ってループする。入力されたものがESCだった場合だけ、次の行（17行目）へ進む。つまり、ループを脱出する。それで、最後は「これでおしまい」。電卓ソフトが閉じられるというわけです。

――ユーザーがESCを押さない限りは続く。

ええ。実際の電卓ソフトはESCでは終了しないけど、ここでは話を簡単にするためにそうしてあります。

それでは、入力されたものが1だった場合、どうなるかを見届けておこう。このとき、16行目の結果、どうなるか。

――1はESCじゃないから、★（3行目、do）へ戻る。

というわけで、3行目に戻る。ここから少しプログラムの上をぐるぐる回るから、実際にプログラムか日本語訳の上を指でなぞっていくといいかも。

「1＋3＝」の例、2周目以降

さて2周目です。keyに次のキー入力が記憶される。今度は「＋」が入力されたとしよう。そうすると、いまkeyの内容は1から＋に変わった。5行目の条件は満たされないから、9行目へ進む。9行目の条件を満たすから10行目に進む。ここでkeyの内容をmemoryにコピーする。これで、memoryの内容は「1＋」となる。12行目の条件は満たされないから、16行目にやってくる。keyの内容は＋だから、次はどこへ行く？

――また3行目の★に戻る。

というわけで3周目を見ていこう。次は「3」が入力されて、keyの内容が＋から3に変わる。5行目の条件を満たすから、6行目でkeyの内容がmemoryにコピーされる。これでmemoryの内容は「1＋3」となる。7行目で画面に3が表示される。9行目の条件は満たされないから、12行目へ進む。12行目の条件が満たされないから、16行目にやってくる。3行目の★に戻る。

4周目は「＝」が入力される。keyの内容が3から＝になった。5行目も9行目も条件は満たされないから、12行目へ進む。今度は12行目の判断の結果、13行目に進む。さて、この行でやっていることは、memoryという記憶領域に記録しておいた計算式を計算して、その結果をanswerという記憶領域に記録しなさいというもの。ここではじめて、わざわざmemoryという記憶領域を用意した意味がわかる。

keyという記憶領域は、そのつど入力されたキーの内容をひとつだけ記憶しておくためのもの。でも、それだけだと、キーが入力されるたびに、前に入力されたものを忘れてしまう。だから、memoryという記憶領域に、入力されたkeyの内容をコピーして保存しておくわけです。ここもほんとならもう少し複雑に書くべきところを、簡素化してあります。

――ほんとにぐるぐるループするんですね。

プログラムでは、自分が実現したい機能、コンピュータに命令したいことを、いかにしてこういうループの形に表すかというのが、ひとつのポイントになります。つまり、1行目から順次実行していくこと、条件によって処理の流れを分岐させること、ループによって処理を繰り返すこと。こういう仕掛けを使って、有限の命令でいろいろな状況やリクエストに応えるようにするのですね。

今回は「1＋3＝」という式を例にしてみたけど、後で他の式でもこのプログラムがうまく動くか試してみてください。

プログラムのまとめ

では、この話を終える前にひとつだけ質問。もし、keyの内容が数字でもなく、演算記号でもなく、＝でもなかったら、どうなると思いますか？

――つまり、①②③のどの条件も満たさない。

そう。

――でも、最後はどのみち16行目のwhileのところに来る。

――それで、keyがESCじゃなかったら★（3行目）に戻る。ってことは、これ以外のキーが入力された場合は、無視する？

よくできました。では、ここまでのところをまとめておこう。いま見たプログラムを、こんな図にしてみると、さらにすっきりします（229ページ、図22）。

――これは、上から下へ進むんですか？

そうです。一番上がスタート地点で、後は矢印の方向に進んでいく。こういうのを、流れ図とかフローチャートと呼びます。

――まさに双六《すごろく》みたいですね。

実は、プログラムする前に描く図です。これを見ると、そのプログラムが全体的にどういう手順で物事を処理するのかがよくわかる。ただし、さっきの図20の日本語訳プログラムで「記憶領域」とか「記憶せよ」と書いた部分は、この図では見えづらくなる。

今回の話で大切なことは、電卓ソフトを触ってみた実感と、ここまでに説明したプログラムとが、ある程度対応していることがわかることです。

見たように、プログラムの内容はといえば、記憶領域になにかを記憶すること、その中身を比較すること。それから、キーボードから入力を受け取ったり、ディスプレイに出力することです。これは動詞や目的語に注目すれば、おおよそわかりました。まとめてしまえば、①記憶を動かす、②演算する、というふたつのことしかしてない。

このくらいのことがわかったら、まずは合格です。

——はじめて、プログラムの正体を垣間見たような気がしました。

——一時はどうなることかと思った。

——プログラムって、日本語で考えてもいいんですね。

通訳と翻訳

さて、高水準言語で書いたプログラムは、実際にはどうやって、みなさんが使うプログラムになるのか話しながら、最後の話題へと入っていきましょう。

先ほど見たようなプログラムは、そのままではコンピュータには理解してもらえな

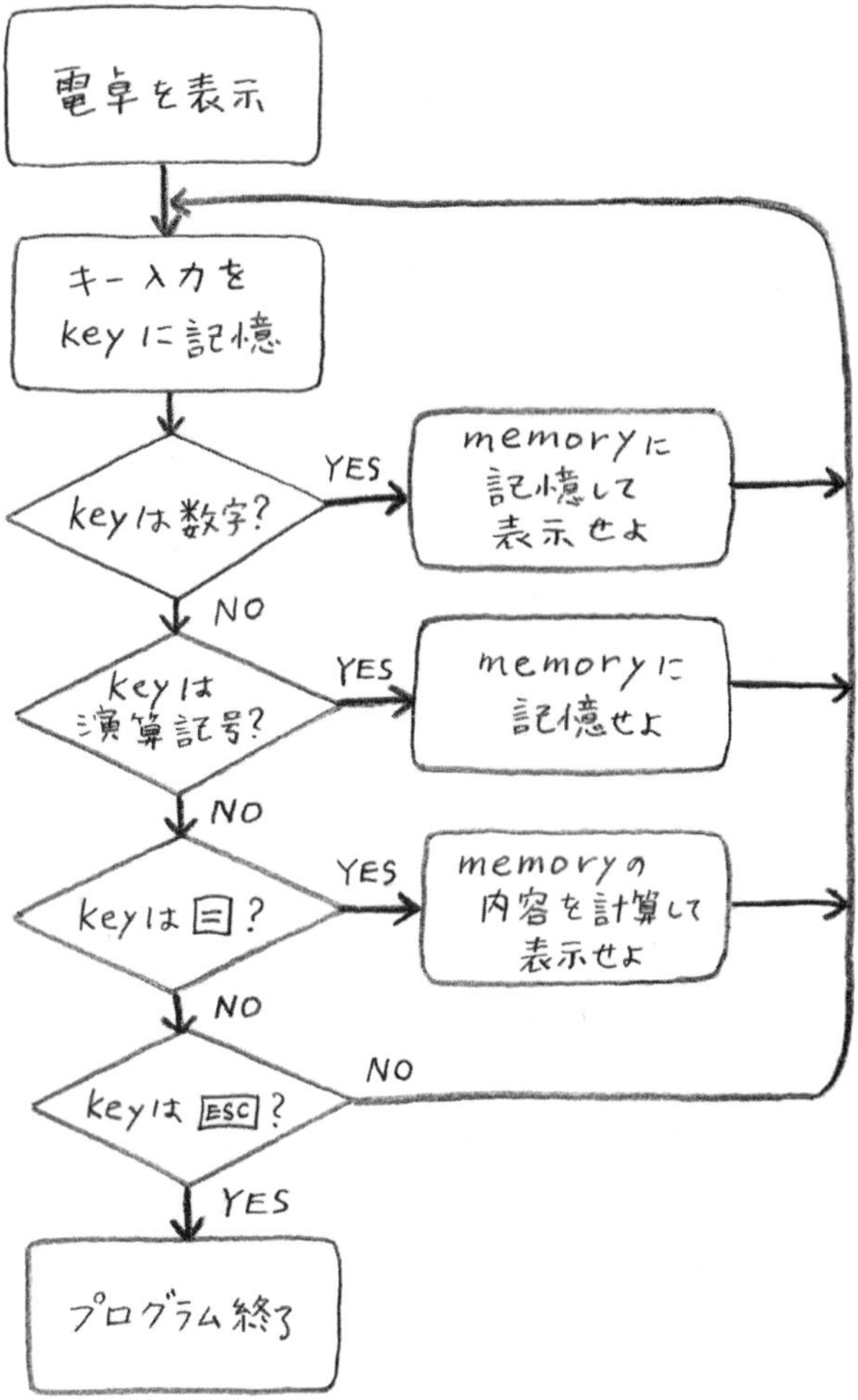

図-22 フローチャート

上から矢印に従って進む。ひし形は条件分岐を示す。

い。だから、コンピュータがわかる言葉に翻訳する必要があります。

――機械語ですね。

そう、機械語に翻訳するわけです。翻訳の仕方には、大きくふたつの方法がある。喩《たと》えて言うと、ひとつは通訳、もうひとつは翻訳。どういうことか。

いま、通訳に喩えたやり方は、こうです。プログラムは、さきほど見たような高水準言語のまま実行される。ただし、これをいざ実行するというときになると、1行ずつその場で機械語に移し換える、つまり通訳するのです。

――ある意味、とても素直なやり方に聞こえます。

そうですね。こういう方式をインタプリタ型と言います。

――interpreter、まさに通訳者ですね。

具体的な言語としては、BASIC《ベーシック》やPHP《ピーエイチピー》、Python《パイソン》などがあるけど、ここでは区別がつかなくて構いません。

もうひとつの方式は、コンパイラ型と呼びます。

――compileは……編集する、ですか?

通常の意味はそうですね。プログラムの世界では、インタプリタ型と違って、事前に翻訳しておくタイプのプログラム言語のことを言います。つまり、実行されるときになってから通訳するんじゃなくて、使う前に全部機械語にしておくわけです。

――**翻訳という感じがします。**

なので、イメージとしては、通訳型と翻訳型と思ってください。もうおわかりだと思うけど、インタプリタも、コンパイラも、そういうプログラムがあるわけです。

――**プログラムがプログラムを通訳したり、翻訳したりする。**

――**そう思うとややこしいですね。**

実際に使う分には、そんなにややこしくないですよ（笑）。自分でコンパイラを作るとなったら、かなりややこしいけど。コンパイラ型言語には、C《シー》、C++《シープラスプラス》他、いろいろな言語がある。

そうすると、先ほどのプログラムを、コンパイラという翻訳プログラムに処理してもらって、いくつか必要な加工を施《ほどこ》すと、最終的にユーザーが使うプログラムファイルができあがります。できあがったプログラムファイルのことを、実行ファイルと言ったりする。たいていの場合、拡張子は.exeとなっています。これは、executable（実行可能）の略称で、要するにコンピュータが実行できるプログラムが入ったファイルという意味。みなさんが普段「ソフト」として使っているのはこれです。

そしてハードへ

さてさて、これでようやく最終コーナーに入っていきます。

——思えば遠くへ来たもんだ。

ほんとに（笑）。あるいは、コンピュータの最深部へと言うべきでしょうか。もうひとつだけ、ひみつが残ってる。つまり、ここまで見てきたプログラム、つまり一連の命令を、コンピュータはどうやって実行しているのかということ。「計算せよ」と命じればやってくれる。「記憶せよ」と命じればやってくれる。「これとこれは同じ？」と訊《き》けば答えをくれる。でも、どうやってそれをやってるのか。

とはいえ、私たちはすでに、たくさんの手がかりを持っている。電卓ソフトの挙動から、その挙動を構成している命令を見抜いて、それをさらに高水準プログラム言語で書いたらどうなるかという話をした。そこでも確認したように、プログラムというのは、そんなにいろんなことをしているわけじゃない。入力、出力、記憶、計算、比較という動作をしているだけ。

実は、こういうことをしてくれているのは、ハード、つまり電気的処理を行う機械装置そのものなのです。

コンピュータの4つの主要部品

ここで改めて、ハードについて確認しておこう。コンピュータは、主に4つの部分からできています。

①CPU（中央処理装置）
②主記憶装置（メモリ）
③出力装置
④入力装置

入出力をまとめて考えれば3つとも言えるけど、ここでは一応分けておきます。

ここまでの話で、②③④については、それなりにイメージがありますね。2日目（3章、4章）は、記憶を中心に話をした。それから、出力装置というのは、ディスプレイやプリンターやスピーカーといったもので、入力装置というのは、キーボードやマウスのことだった。

ちなみに、出入りというのは、相対的な言葉だから、どこから（だれから）見て「出る」のか、「入る」のかというところを忘れてはいけません。では、コンピュータの場合、なにから見て出入りですか？

――ええと、コンピュータ。

そう、ここまでの話で考えると、それでOK。でも、ここではコンピュータの中身を考えていくので、さらに絞りこんでいこう。いったいなにがキーボードからの入力を受け取ったり、ディスプレイに文字を出力してるんだろう。

――記憶領域に書き込んだり、計算したりするのも。

実は、そうしたことを一手に司《つかさど》ってるのが、ここに書いた①のCPUという装置。Central Processing Unit の略称で、「中央演算処理装置」なんて訳されたりする。

――ものものしい（笑）。

漢語を使うとどうしてもそうなりますね。その代わり意味の凝縮度合いはすごい。解きほぐしておくと、コンピュータのCenter（中心）にあって、なにかをProcessingだから、直訳すれば「処理」してる、Unitということは「装置」。英語の名称には特に「演算」と書いてない。素直に訳せば、中央処理装置かな。これが、この場合の主語。つまり、出入りするというときに、どこから出るかといえば、CPUから出てい

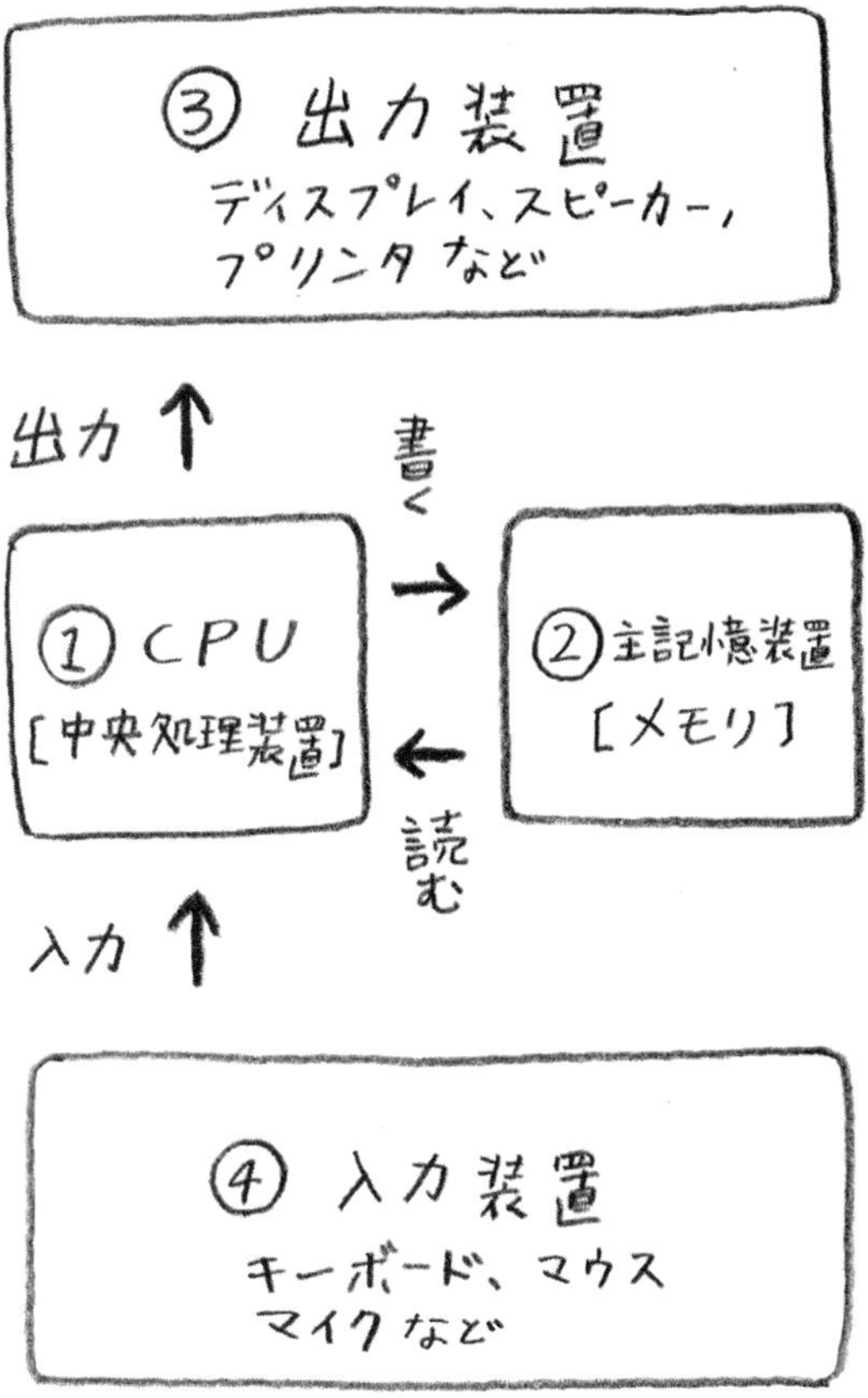

図-23 コンピュータの主要部品

く。どこへ入るかといえば、CPUに入っていく、というわけです。

そこに、②主記憶装置（メモリ）がつながっている。この主記憶装置は、昨今では2ギガバイトといった桁《けた》の容量になっていて、その気になればさらに増設できる。ちなみに私が最初に使ったパソコンでは、64キロバイトでした。

――え？　桁違い？

――キロバイトということは、何桁違うのかな。

――キロ、メガ、ギガ。

呪文みたい（笑）。実感しやすいように単位を合わせると、2ギガバイトは、約200万キロバイト。対比で1：32,768。ここに四半世紀分の技術レベルの差が表れている。

――むしろ64キロバイトというほうが実感できません。

――iPhoneの初代機でも、128メガバイトとか、そういう桁だったはず。

だから、とっても少ない記憶領域を、どうやって無駄なく使うかということが、かつてのプログラマーの考えどころだったのです。爪に火を灯《とも》すようにして、ほんとにケチケチ記憶領域を使っていました。タイムマシンで1980年代に行ったら、パソコンの低性能ぶりにきっと驚くと思います。

――びっくりしました。

厳密に言うと、ＣＰＵ自体の中にも小さな記憶装置が入っていますが、これは後で話します。ここで大事なことは、記憶を使うのはＣＰＵだということ。

それから、記憶装置には、他にも補助記憶装置というものがあることは、すでに話しましたね。ハードディスクとかＵＳＢメモリとかＤＶＤのように、ＣＰＵからはちょっと離れたところにあるんだけど、データを読み書きして保存しておける装置が補助記憶装置。こちらも時代とともにどんどん容量が大きくなっていて、いまハードディスクを買おうと思ったら、もう一桁大きいテラバイト単位で買えますね。

――30年前の山本さんが聞いたら腰を抜かしそう。

うん、間違いありません（笑）。たぶん当時テラなんて単位は聞いたことがないから、意味がわからないと思う。

以上が、現在使われているパソコンの基本的な構成要素。ちなみにＣＰＵ、主記憶装置、それから入出力装置やハードディスクとの接続口、これらはみな、マザーボード（主回路基板）と呼ばれる基板に配置されているから、ぱっと見ではひとつの装置みたいに見えるかも。

CPUは、4つに分かれている

さて、ハードの概要を確認したところで、いよいよCPUが働く様子を見ていこう。
まず、ユーザーが「これを実行しよう」と起動したプログラムは、ハードディスクなどの補助記憶装置から主記憶装置にコピーされる。すると、CPUがこのプログラムを、主記憶装置から順番に読み取っては、解釈して、実行していく。プログラムを1行目から流れに沿って見てみたのを思い出してみてください（202ページ以降）。

――**命令をひとつずつ実行して、次へ進む。場合によって読み取る位置をジャンプする。**

そう。ここをもう少し細かく見てみよう。
今回主役となるCPUという装置は、さらに中が大きく4つに分かれてる。

①制御装置
②演算装置
③レジスタ
④クロックジェネレーター

まず、ひとつが①制御装置。この装置は、命令やデータを受け取って、CPUや入出力装置の働きを制御する。記憶の書き換えも制御装置の仕事。そういう意味では、この部品が、まさにコンピュータの司令部だと言ってよい。

もうひとつが②演算装置。読んで字のごとく、この装置が「演算」、つまり計算をしてくれる。

それから、実はCPUの中にも比較的小さな記憶装置があって、これは③レジスタと呼ばれている。register、つまり登録、記録するものという意味ですね。レジスタは用途別に複数搭載《とうさい》されている。CPUがこれから実行する命令やデータを一時的に記憶するためのもの。

そして、最後の④クロックジェネレーターというのは、CPUの各動作を同期させるための信号を作り出す装置。複数の部品がうまく同期するようにする、オーケストラの指揮者みたいなものですね。

CPUがプログラムを実行する

さて、先ほど述べたCPUの働きを、さらに詳しく見てみましょう。

まず、①制御装置が、主記憶装置（メモリ）に置かれたプログラムから、命令やデータを③レジスタに移す。これをフェッチ（fetch）と言う。まさに「持ってくる」という意味です。ちなみにCPUにはプログラムのどこを処理してるかということを保持する専用のレジスタがあって、これは「プログラムカウンタ」と呼ばれてる。

次に、レジスタに持ってきた命令がなんなのかを区別する。そうしないと、なにをしたらいいかわからないから。これをデコード（decode）と言います。暗号の読解をデコードというけど、命令の内容を読み解くというわけです。


――命令の解釈、区別はどうやってるんですか？


ごもっとも。CPUには、メーカーがあらかじめ用意した命令セットというものが内蔵されています。言わば機械語の命令集。これもCPUに記憶されているので、いまレジスタに記憶されている数値が、どんなふうに回路を作動させるべき命令なのかということを照合できるのですね。

そうすると、デコードの結果、なにをすればよいかがわかる。お次はそれを実行するステップで、そのままだけど「実行」と呼びます。元になってる英語でもそのままexecuteと言う。

そして、命令を実行した結果は、CPU内の各種レジスタに反映される。つまり、

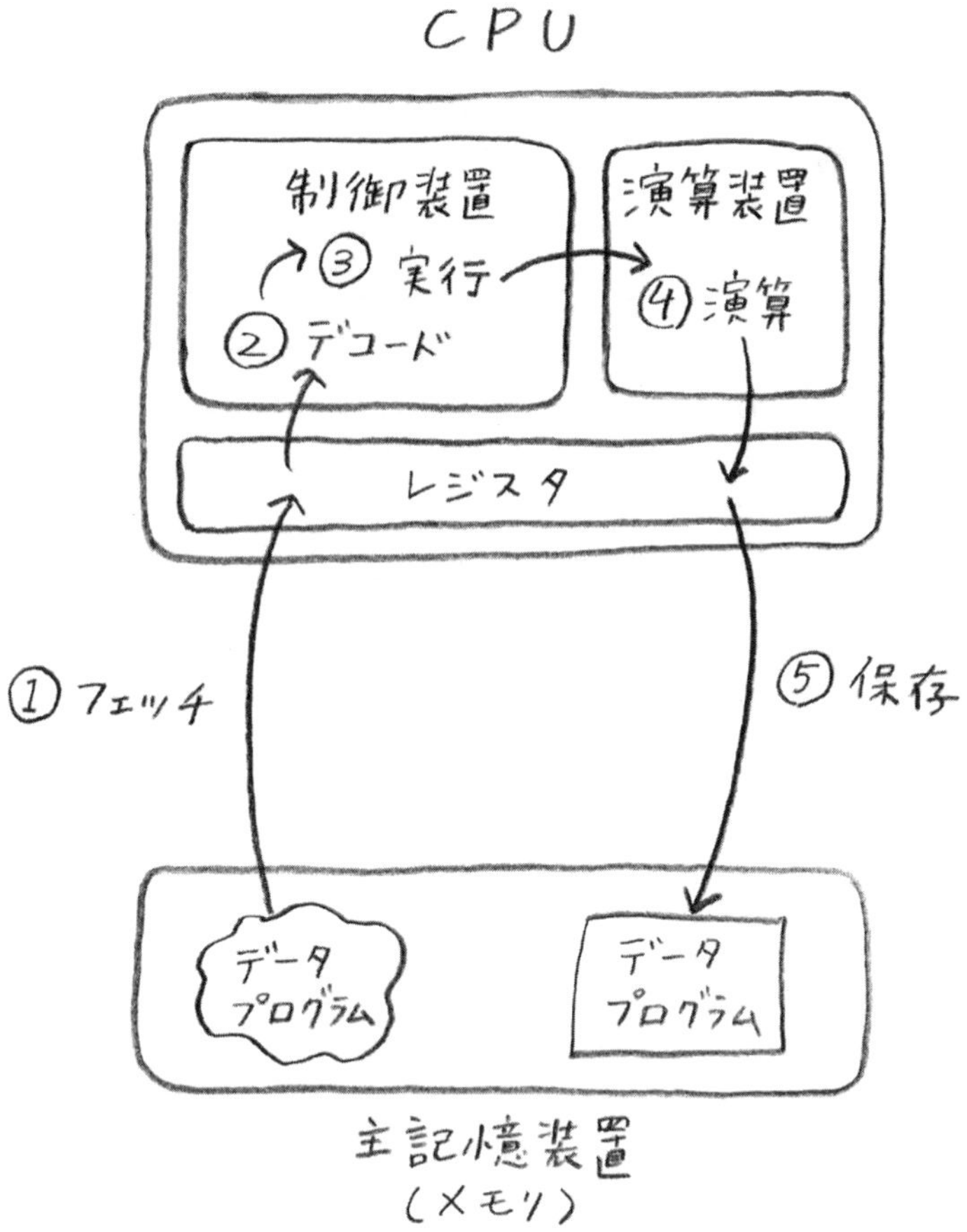

図-24 CPUの主要部品と動作

この図では、演算を実行する場合を例にした。「③実行」において、制御装置は、デコードされた命令に従って、演算装置、レジスタ、出入力装置、主記憶装置（メモリ）などを働かせ、場合によってはその結果を記憶領域に反映する。

足し算した結果をレジスタに記憶するとか、レジスタに記憶されている内容を、主記憶装置にコピーするといったことです。このとき、先ほどのプログラムカウンタの値を変えれば、次の命令に進んだり、別の場所にジャンプしたりもできる。前にif文（210ページ）やwhile文（223ページ）のところでそういう例を見ましたが、その正体はこれです。

——なんだか拍子抜けするほどあっさりしてます。

——もっと複雑怪奇なものかと思ってました。

もっとも、ここで話していることは、CPUの基本的な挙動です。CPUが複数組み合わさったり、同時にいくつものことができるような場合もある。でも、基本をしっかり押さえれば大丈夫。絵を描くのと同じで、コツは概要からつかんで、必要に応じて細部を描き込んでいくことです。

「計算」をしているのは演算装置

さて、そうなると残る謎は演算や計算がどう実行されるかということ。いま説明したCPUのプロセスのうち「実行」（execute）のところを細かく見てみよう。

ＣＰＵが実行できる命令には、いろいろなものが用意されているんだけど、ここでは大まかに３種類ぐらいで把握しておこう。

①プログラムの流れを制御する
②データを移動する
③データを演算する

①プログラムの流れを制御するというのは、すでにイメージがあると思う。ひとつの命令を実行したら次の命令に進む。それを実行したらまた次に進む。そして、条件分岐《ぶんき》とかループするような命令の場合は、次に進むんじゃなくて、プログラムの別の命令へジャンプした。それは、ＣＰＵの中にあるプログラムカウンタで管理してるということは説明した通り。

それから、②データを移動するというのは、いろいろな装置の間でデータを移動すること。移動というか、コピーと言ったほうがいいかな。ある場所に記憶してあるデータを、別の場所に記憶させるということですね。例えば、主記憶装置からＣＰＵ内のレジスタにデータをコピーしたり、その逆をしたり、主記憶装置上で移動したり、入出力装置にデータを移動したりということ。

そして、③は演算装置が担《にな》っている。

計算式を渡すと結果を返してくれたり、「AとBは同じですか」と訊《き》くと、「その通り！」「違います！」を答えてくれたのはここです。

演算の基本については、前に話しましたね（211ページ）。やってることは、とても単純でした。ふたつの数を比べたり、論理的な判定をしたり、1＋3を計算したり。

――運動方程式を解く、みたいな複雑な計算はどうするんですか？

実は、基本的にCPUができる計算は加減（＋－）です。さらに乗除（×÷）もできるようになっているものもあるけど、かつてのCPUは加減でまかなっていた。この場合、かけ算はどうしたらいいと思いますか？

――何回も足している……？

そう。足し算を繰り返せばかけ算はできますね。

――足し算と引き算だけできれば、全部の計算ができるってこと？

整数の四則演算でできることは。つまり複雑な計算をCPUで実行できる単純な計算に分解して、その代わりものすごいスピードで実行するのです。たったそれだけのことで、いろんな計算をやっているというボトムアップな感じを理解してほしい。

喩えて言えば、ひとつひとつは単純なレゴブロックを組み合わせて、巨大で複雑なエッフェル塔のようなものを作り上げる感じです。

ただし、なんでも計算できるわけじゃなくて、苦手なこともある。実は、小数はコンピュータにとってはやっかいな相手で、扱い方によっては誤差が出てしまう。

コンピュータは無限小数を扱えないという話がありましたね（68ページ）。なにしろ、いくら記憶領域が増えたといっても、有限であることに変わりはない。だから、0.33333…（以下無限に続く）といった数は、どうしても正確に扱えない。どこかで四捨五入なり切り捨てなりして、数値を丸めることになる。無限小数じゃなくても、扱うデータの大きさを一定以下に抑えようと思ったら、小数点以下何桁かで打ち止めにすることもある。

そうすると、例えば、乗除算を何度も繰り返すような計算で、丸めた小数を使うと、四捨五入した分の誤差が効いてきてしまいます。ここでは追究しないけど、2進数で10進数の小数の数を表現するにはどうしたらいいか考えてみると、誤差が出る理由もわかります。同じように無限という考え方が必要な計算も、そのままでは解けない。

——なるほど。

演算の正体

ここまでの話がわかったら、もう一息です。

前に説明したように、コンピュータの演算は、関係演算（AはBより大きい？　AとBは等しい？など）にしても、論理演算（AかつB？　AまたはB？など）にしても、ふたつのデータから、ひとつの結果を出すという仕組みだった。これはハードとしてはどうやって実現しているのか。これがほんとに最後の問題。

いまみなさんが使ってるパソコンのCPUは、「集積回路《しゅうせきかいろ》」（Integrated Circuit、略してIC）といって、小さな基板の上にトランジスタ（半導体の一種）や抵抗、コンデンサ（蓄電器）、ダイオード（半導体の一種）などが超高密度に配線された電子回路でできています。各種演算は、そうした電子回路で実現しています。

——あの、素朴《そぼく》な質問なんですけど、いいですか。

どうぞ。

——コンピュータは、0と1を扱うんですよね。どうして電子回路で0と1が扱えるんですか？

ごもっとも。実はここにも「見立て」があります。電子回路には、電気が流れている状態と流れていない状態のふたつの状態がある。これを簡単にスイッチのオンとオフと言い換えておきましょう。

――そのオン／オフを、数値に見立ててる？

その通り。電子回路は、2種類の状態を区別するのに便利なのですね。そして、それは2種類の状態を表現する2進数となじみがいい。

オン＝1
オフ＝0

こう見立てれば、電子回路で0と1を扱っていることにできる。

それで、演算の回路をこんな図で表すことがある（図25）。

――Vみたい。

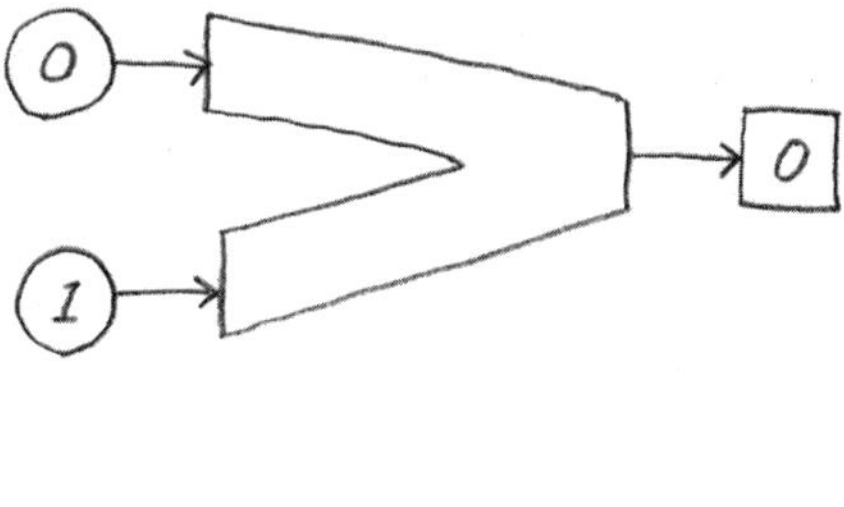

図-25 演算回路の概念図

左から入ってきたデータを基にして、処理した結果をひとつ右へ出す。

この二股に分かれたほうが、言ってみれば入力で、こちらからふたつのデータを回路に送り込む。すると、ふたつの入力から回路がひとつの出力を作って送り出す。これは、プログラムを流れに沿って見たとき、if文（もし……なら、……せよ、というプログラム）の中でやっていたことに相当します。イメージできますか。

――ふたつのデータの大小とか、等しいかとかを訊かれると、「その通り！」か「違います！」と答える。

それです。このことは物理的に見ると、ふたつのレジスタからデータが回路に送り込まれて、回路からひとつのデータが出てきて、それがレジスタに記憶される、という流れに対応してる。いまデータと言ったものの正体は、さっき言った電流の状態です。基本となるのは、AND回路、OR回路、NOT回路と呼ばれるもので、ひとつかふたつのデータを受け取って、ひとつの結果を出す。この3つの回路を組み合わせると、関係演算や算術演算もできるようになる。みなさんが使っているコンピュータのCPUには、さまざまな演算を実現するために組み合わされた電子回路が数千万個という単位で組み込まれている。

こんなふうに、プログラムは最終的に電子回路を流れる電流に変換されているわけです。

——知らないうちにすごいものを使ってるんですね。

CPUが作動しているところは、肉眼で確認できないけど、もし可視化できたら、電子回路がほうぼうで際限なくオン・オフの明滅を繰り返し、その結果が記憶装置に移されて、記憶装置もあちこちでオン・オフ、オン・オフと変化しているのが見えるはず。オン・オフ、オン・オフ、オン・オフ……。こんなふうに、CPUは、とてもメカニカルなものなのです。

——そうなんですね。

さて、これでおしまい。長い旅路でした。

私たちは、電卓ソフトを使ってみた実感から出発して、プログラム、つまりソフトのことを眺め、さらにそれがハード上でどんなふうに実現されているのかを押さえ、とうとう電子回路上のオン・オフにまで辿《たど》り着いたわけです。

この行程を逆に辿ると、こんなオン・オフにすぎない単純なものから、コンピュータのありとあらゆる動きが生み出されていることがわかる。この、単純なものの厖大《ぼうだい》な積み重ねから、複雑なソフトウエアの仕組みが実現されているという感覚を持つことが、コンピュータを理解するうえで大切だと思います。

そして、すでに話してきたように、私たちは、コンピュータの記憶領域を操作して、そこに記憶されたデータを、さまざまな装置に出力したりすることで、あるときは画像として、あるときは音として、あるときはテキストとして見立てているのでした。

これも記憶どころじゃない、オンかオフかという状態が変わっているだけなのです。

――お話を聞いて、結局隅から隅まで、見立ての機械なんだという気がしました。

――中身は、ただただスイッチをオン・オフしている機械で、そのオン・オフの仕方をプログラムで制御している。

そう、オンかオフか、これだけ。ここが、コンピュータの底の底。

――「幽霊の正体見たり枯《か》れ尾花《おばな》」という感じがします。どうもありがとうございました。

① AND回路

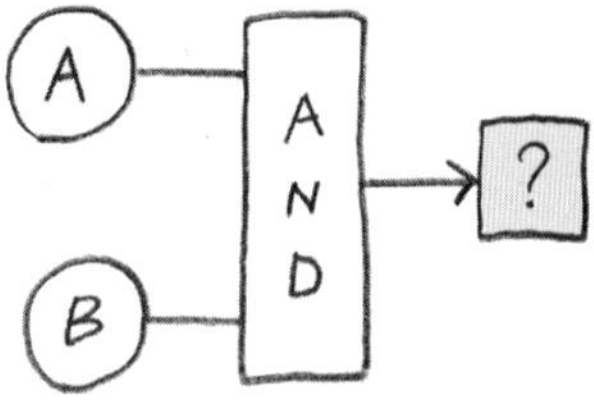

A	B	?
0	0	0
0	1	0
1	0	0
1	1	1

AND 回路は、A と B が両方とも「1」(true ＝真)ならば「1」を出力する回路。それ以外は「0」(false ＝偽)を出力する。この回路を論理演算に見立てれば、「かつ」に対応する。複数の条件のうち、すべてをクリアしているかどうか知りたいときに使う。

図-26 ① AND 回路、② OR 回路、③ NOT 回路

演算回路は、ひとつかふたつの入力（図中の「A」「B」）から、ひとつの結果（図中の「？」）を出力する。表は、入力（「A」「B」）と出力（「？」）を一覧にまとめたもの（真偽表と呼ばれる）。

② OR回路

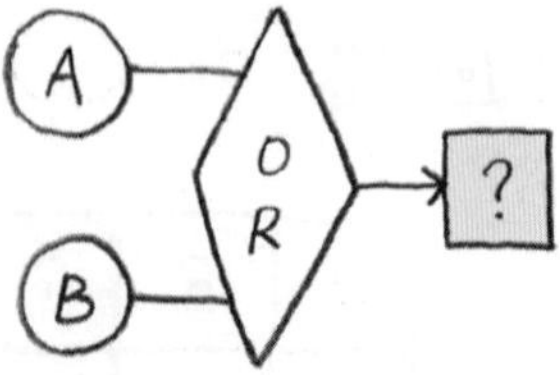

A	B	?
0	0	0
0	1	1
1	0	1
1	1	1

OR回路は、AとBのどちらか一方でも「1」ならば、「1」を出力する回路。それ以外は「0」を出力する。

この回路を論理演算に見立てれば、「または」に対応する。複数の条件のうち、どれかひとつをクリアしているかどうか知りたいときに使う。

③ NOT回路

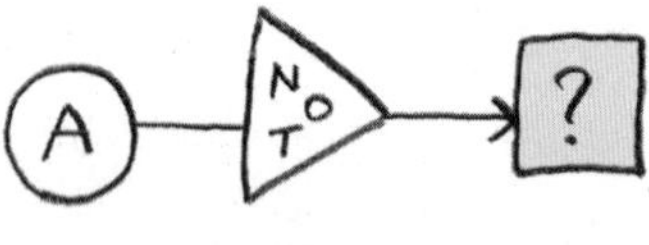

A	?
0	1
1	0

NOT回路は、「0」ならば「1」を、「1」ならば「0」を出力する回路。

この回路を論理演算に見立てれば、「ではない」に対応する。ある条件の否定を記述したいときに使う。

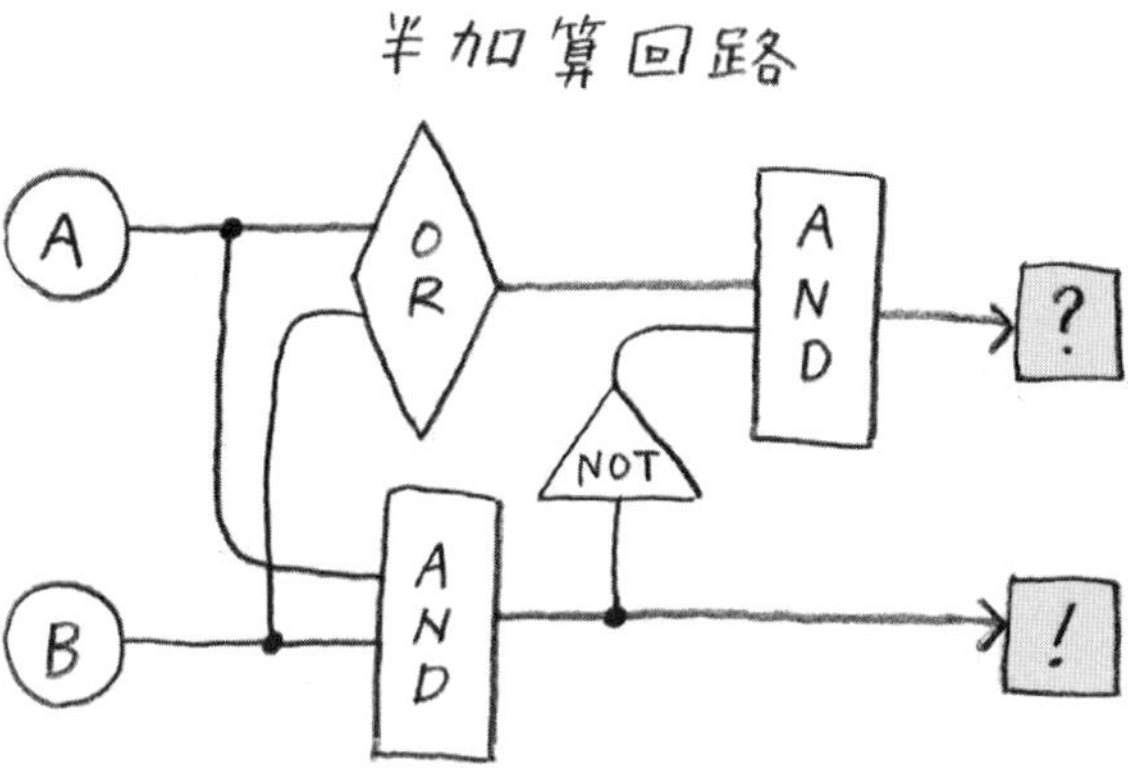

A	B	!	?
0	0	0	0
0	1	0	1
1	0	0	1
1	1	1	0

図-27 半加算回路

AND、OR、NOT 回路を組み合わせ、1 ビット同士の足し算を実現する。2 進数なので、1 + 1 の場合は、桁が繰り上がり、答えは 10 となる（10 進数で 2）。図では、「？」が 1 桁目、「！」が繰り上がりの 2 桁目。

真偽表の通り、0 + 0 = 0、0 + 1 = 1、1 + 0 = 1、1 + 1 = 10 という計算が実現されている。言い換えれば、回路を働かせた結果を、計算の答え「として」見ることで、計算が成り立っている。

このように、コンピュータでは、たった数種類の基本的な回路を組み合わせることで、複雑な比較演算や算術演算を実現している。

Q&A コンピュータのハードについて みんなの質問

その1「拡張用スロットってなんですか？」

――知り合いに、パソコンを自分で組み立てる人がいるんですが、その人がビデオカードとか、サウンドカードを「挿《さ》す」って言うんですけど、これはどういうことですか。

それはかなりお好きな人ですね（笑）。実は、マザーボード（CPU、主記憶装置、入出力装置への接続口を装着する基板）には、たいていの場合、拡張用スロットというのがついてます。ここにいろいろなカードと呼ばれるハード（電子基板）を挿すことで、機能を付け加えたり、強化できるようになっている。

――車とかバイクのカスタマイズみたい。

基本的には似たようなものだと思っていいです。ベイブレードとかミニ四駆《よんく》を連想してもいい。要するに、自分好みに機能を改造できるのです。

例えば、いまどきのパソコンは最初からネットワーク用の端子《たんし》がついてる。そういうものがついてなければ、拡張スロットにLAN《ラン》カードというのを挿せばネットにつなげるようになる。他にも、さっき言ってくれたサウンドカードやビデオカードは、よく使われるもの。

サウンドカードというのは名前の通り、音に関する機能を拡充《かくじゅう》する。ふつうは、マザーボードに基本的なサウンド機能が搭載《とうさい》されているから、それで用が足りるんだけど、例えば、DTM（Desktop Music、コンピュータを利用した作曲・演奏）をやる人なら、もっと質のいい音声出力をしたいとか、処理性能を高めたいなんていうときに、サウンドカードを買ってきて、増設するわけです。

——オーディオに凝《こ》るみたいなことも。

ありますね。せっかくならいい音で聴きたいとか。

それから、ビデオカードは映像のほうです。これはグラフィックカードとも呼ばれる。画像を表示する際の処理速度をもっと高めたい場合に使う。ビデオカードには処理性能を高めるために、映像処理専用の記憶装置がついていたりします。大量の3Dグラフィックを処理するグラフィック系の仕事をする人や、ゲーマーにとっては、かなり重要な要素ですね。
そんなふうにして、カードを挿すことで、さまざまに拡張できるわけです。ちょっと大きめの電器店で、パソコンコーナーを歩いてみると、いろいろな部品が置いてあるから、そのつもりで見て回ると面白いと思う。

その2「クロック周波数ってなんですか?」

——よくコンピュータの性能を表すときに、CPUのクロック周波数というのが出てくるんですが、あれはなんですか?

CPUの性能は、「クロック周波数」というモノサシで測ります。これは、要するに1秒にどのくらいクロックジェネレータが振動を発信できるか、ということ。この振動、つまりクロックによってCPUの各部が同期して、フェッチ、デコード、実行という一連の処理を行うわけです。

——1回のクロックで、フェッチから実行までを1回まわるんですか?

そうとも限らないのでややこしいんだけど、ここではさしあたり、クロックという時間を単位として、動いていると考えておきましょう。

――クロック周波数が高いほど、CPUの処理速度が速いと考えていいですか？

基本的にはそう。例えば、クロック周波数が800 MHz《メガヘルツ》というCPUでは、1秒間に8億回。2.66 GHz《ギガヘルツ》というパソコンでは、1秒間に2・66ギガ回だから、1秒間に26億回、クロックを発信する計算です。

――26億回！

――1秒間にですか。想像を絶します。

例によって、私もよくわかりません（笑）。なので、一般的にはクロック周波数が高いほうが、処理速度は速いと思って構わない。細かく見ていくと、これもまたいろんな技術や仕掛けがあって、一概にそうとも言えないところもある。CPUによっては、1クロック当たりに実行できる命令の数がひとつとは限らないというふうに。技術革新や工夫でどんどん変化していくのでときどき気にしてみてください。

その3「コンピュータが壊れやすいのはどうしてですか?」

――データをたくさん出し入れしていると、パソコンの性能が落ちるとか、パソコンが壊れやすくなると聞いたことがあるのですが、それは本当ですか。「電流のオン・オフ」みたいなことを、演算装置がずっとやっているというイメージだと、物理的なところで演算装置にいっぱい負担をかけすぎるせいで壊れるのかな、と思ったんですが。

パソコンが壊れるのではないかというのは、みなさんが、いつもどきどきしていることのひとつで、大きな問題ですね。でも、「私のパソコン、とうとうCPUがいかれちゃったよ」だなんて、聞いたことありますか?

――えーと。「パソコン、壊れた」としか(笑)。

どこが壊れるかというと、経験ではハードディスクがおかしくなることが多いかな。場合によっては、焦げ臭いにおいがしてきてわかる(笑)。「これはまずい!」と気付いたときには、変な音がして動かなくなります。

ハードディスクは、高速回転する金属製のディスクに、データを読み書きしている。ハードディスクが働いているときに耳を澄ますと、カリカリカリと音が聞こえるでしょう。ミクロに見ると、装置が物理的に摩耗《まもう》しています。

ＣＤやＤＶＤもそうですね。登場した頃は、「データを永久に保存できます」という話を耳にしたけど、これも実は劣化している。つい忘れてしまうんだけど、要するに「もの」なんです。

私みたいなヘビーユーザーは、その次に危ないのがキーボード。使ってるうちに、キートップが削れていって穴が空き、最後にはキーがばらばらになったりします。

——では、パソコンが壊れたときは、ＣＰＵは救えるということですか。

救える場合が多い。私自身は、いまのところＣＰＵが壊れた経験はありません。ハードディスクがおかしくなるのは、大体使い始めて3年から5年経った頃。その頃には、ＣＰＵが時代遅れになっていたりします。そうすると、いっそ新しいコンピュータに乗り換えよう、となる。年を追うごとに値段も安くなってきていますからね。

⑥

補講 インターネットとメールの仕組み

インターネット以前／以後

お久しぶりです。どうですか、パソコンがちょっと違うものに見えてきましたか？

――裏側でなにが起きているか、以前は考えもしなかったようなことを想像するようになりました。

そんなふうに少しでもコンピュータを見る目が変わったとしたら、甲斐《かい》があったというものです。潜在していることを意識できると、いざいろんなトラブルに遭遇《そうぐう》したときに、じわじわと効いてくると思います。

――がんばります。

今日は補講ということで、応用篇をやります。テーマは、インターネットです。みなさんは、どのくらいネットを使っていますか。

――毎日使ってます。

――「使ってる」というより、「浸《つ》かってる」という感じかも。

――逆に、ネットに触れない日があると、ちょっとすがすがしくもある（笑）。

その感じ、よくわかります。では、用途はどんな感じですか。

――やはり調べ物が多いかな。知らない分野のことに触れるときに、まずはネットで当たりをつけるとか。

——あとは、買い物も結構しますね。本、CD、食料品、チケット、その他いろいろ。オークションもときどき使います。

——一番時間を使っているのは、メールや twitter や blog を使ったやりとりかもしれない。ケータイからもほとんど同じサービスを利用できるのは大きいです。

なるほど、みなさん、すっかりヘビーユーザーですね。では、明日インターネットが消えてなくなったら困りますか。

——うーん、ネットがない状況をうまく想像できません。

——困るような気がします。

——インターネットが普及する前後、人々がそれを日常的に使うようになる前後では、人間のものの見方も変わったと思う。

私もそういう実感があります。やはり、いろいろなものに対する距離が圧倒的に縮まった気がする。買い物なんかは、物理的な距離の変化だけど、心理的な距離もかなり縮めましたね。

——気軽すぎて、気をつけないと変な失敗もしてしまいます。

そうそう。なにか実際にやらかしてしまったことはありますか?

――送信相手を間違えてメールを出したことがあります。

あるある。

――手書きの手紙なら、多少変なことを書いても、投函《とうかん》する前に読み返せば、「やっぱり出すのをやめよう」と考え直せる。

かなり実感のこもった話ですね（笑）。メールに限らず、ネットでの文章の書き込みは、手軽な代わりに、取り返しのつかないことも少なくない。

メールはどうして届くのか、その前に

さて、今日はインターネットについて話します。関連することは山ほどあるけど、いくつかのポイントに絞《しぼ》って根っこを押さえてみたいと思います。細かい用語を覚えようとするよりは、メカニズムをつかむつもりで聞いてください。

みなさんのほうで、これが気になるということはありますか？

――すごく基本的なことで恐縮なんですが……

なんでもどうぞ。

――メールってどうしてちゃんと届くんですか？

いきなり核心に来ましたね。でも、それがわかると、後は応用みたいなものだから、メールの話をしましょうか。

――お願いします。

まず、メールというのは、基本的に文章を書いたものですね。言わばテキストデータ。いまは画像ファイルや、各種添付ファイルをつけることもできる。最初の頃は、件名は英語で書かないといけないとか、そういうこともあったけど、いまでは日本語でも大丈夫ですね。

――どうして日本語で件名を書いてはいけなかったんですか？

単に対応してなかったのです。もとはといえば、英語圏で作られた仕組みなので、それ以外の言語で書くと文字化けしてわけがわからなくなる。なので、英語で書けという話だった。いまは、日本語にも対応できる仕組みが整っています。

では、メールをやりとりするということはどういうことかな。

――ネットの回線を通じて、メールを送ること。

――でも、メールが、どうやって回線を通って届くのか、うまくイメージできません。

――無線の場合もある。

なるほど、なんとなくイメージはありそうですね。

相手のコンピュータの記憶領域に置く

まず、大事なポイントを押さえましょう。私たちのコンピュータ理解では、コンピュータの記憶をどう変化させるかということに注目しました。そうすると、例えば、自分が書いたメールはどこにあるでしょう。

――自分のパソコンの記憶領域にある。

そう。書いただけで送信ボタンを押していないメールは、主記憶装置（メモリ）に記憶されている。だから、そこで電源が切れたりすると消えてしまう。でも、ワープロで文書を作るときのように、途中で保存すれば、補助記憶装置、例えば、ハードディスクに保存される。

いずれにしても、自分のコンピュータの記憶領域にあるのはいいですね。

――はい。

では、自分のコンピュータの記憶領域に置かれているメールが、他の人のコンピュータに届くというのは、どういうことでしょう？

――あ、つまり、自分のコンピュータにあるものを、相手のコンピュータの記憶領域にも置くということですか？

その通り。基本的なことだけれど、まずイメージしたいのは、その仕組み。インターネットというと、ついネットワークのつながり方のほうに気を取られがちだけど、その手前をしっかり押さえることが大切。

——ここでも記憶が鍵なんですね。

そう、ここから出発すると、一見いろんな見え方のするコンピュータの働きを、シンプルに理解できるのです。

この図式は、メールに限らず、ネットの仕組みを理解するのにも有効だから、覚えておいてくださいね。

どうやって特定のコンピュータにデータを送るか

それでは次の問題。自分のコンピュータに記憶されているメール、つまりファイル、これをどうしたら、他のコンピュータに記憶させられるか。単純に考えるなら、物理的に送ってしまえばいいですね。

——ええと、ちょっと意味がわかりません。

例えば、メールをCDに保存して、このCDを相手に郵送すればいい。

――なんだかいろいろ無駄っぽい感じがします（笑）。

確かに。でも、大量のデータを確実に届けたいときには、冗談抜きにものとして受け渡すことがある。でも、これは手間がかかりますね。

さあ、そうすると、一体どうやって自分のコンピュータの記憶を、別のコンピュータの記憶に移すか。ここでインターネットの話になる。インターネットで知っておきたいのは、どうやって特定のコンピュータに向けてデータを送り届けるかということ。みなさんは、メールを書くとき、どんなふうにして宛先を特定してるかな。

――メールアドレスです。

そうですね。では、どうしてメールアドレスを書くと、他の人ではなくて、その人に届くんだろう。郵便や宅配便と違って、物理的な場所に向けて送るわけじゃない。実際にどこか特定の場所へ向けて送るなら、住所さえわかれば、後はものをそこまで運べばいい。

でも、どうかな。例えば、みなさんはノートパソコンとかケータイでも電子メールをやりとりするでしょう。あるいは、会社のメールアドレス宛のメールを、会社でも読むし、自宅でも読んだりするかもしれない。

――つまり、郵便みたいに特定の場所に縛《しば》られていない。

そう。物理的な位置の問題ではなさそうですね。なにせ、自分がどこを移動していても、通信さえできれば、メールを受信できるわけだから。

インターネットはバケツリレー

だとすると、どうやって届くのか。まず大事なことは、インターネットというのは、言ってみればバケツリレーのような仕組みで動いているということ。

——ええと……

あ、そうか、いまどきバケツリレーなんて言っても通じないかな。といっても、私も実物は見たことないんだけど、わかりやすい喩《たと》えだからつい使ってしまいます。

簡単に言うと、こんな感じです。火事が起きた。水をかけて消したい。でも、ホースがない。さて、どうすればいいか。水がある場所から、出火しているところまで人が並んで、蛇口から水を満たしたバケツを、隣の人に手渡していく。つぎつぎと手渡していくと、やがてバケツは、火事の現場に辿《たど》り着く。みんながバケツを手にしておいて、中身の水だけ移していってもいい。

——防災訓練でやったかも。

同じように、インターネットが機能するためには、コンピュータがお互いに有線・無線のどちらでもいいけど、なんらかの通信回線でつながり合ってる必要がある。

見た目にもわかりやすいのは、有線ですね。ケーブルで物理的につながっている。会社などのLAN《ラン》をイメージすればいいかな。いまでは家庭でも複数のパソコンをLANでつないで使っている人も少なくない。あれは要するに、LANケーブルを通じて、データをやりとりしているわけです。

LANとWAN

——すみません、LANって、言葉はよく耳にするんですけど、実際にはなにを指してるんですか。

LANというのはネットワークの範囲を示す言葉なので、これだけだとちょっとわかりづらいかもしれない。言葉の確認からすると、Local Area Network を略したもの。ローカルエリア、つまり、局所的なネットワークということですね。

——ということは、局所的ではないネットワークもある？

——それがインターネットじゃないですか？

大まかに言えばそうですね。実際には、LANに対して、WAN《ワン》というのがあります。こっちはWide Area Network の略。広域ネットワークというわけです。局所、広域というのは、相対的な言葉だから、両方セットで見ないとわかりづらいかも。

先に言ってしまうと、WAN同士が相互につながっているのがインターネットワーク。インター(inter)というのは、インターフェイスの話をしたときにも出てきた。

――相互に。

そう。ネットワーク同士が相互につながっているのが、インターネットワーク、つまり、インターネット。さらに略して「ネット」ということもありますね。

ついでに言うと、インターネットというネット

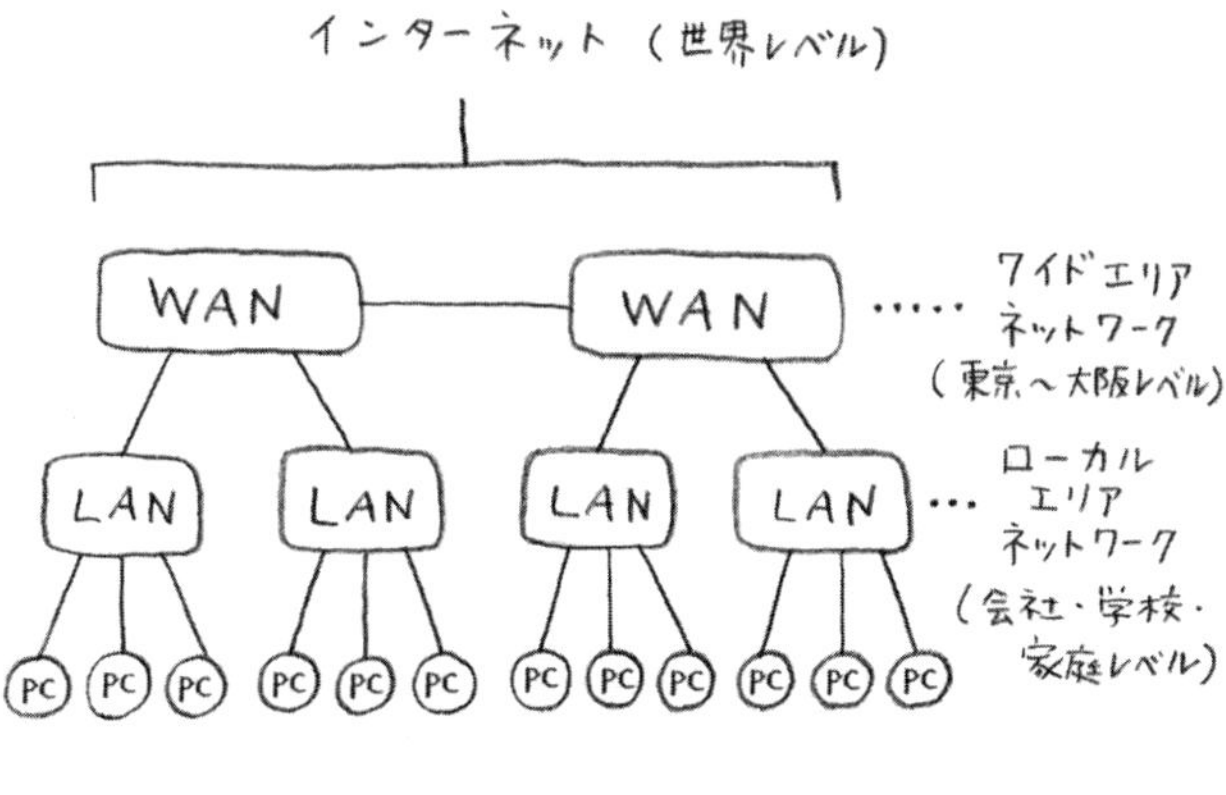

図-28 LANとWANとインターネット

ワークは、誰かが全体を管理したりしていないということが大事なポイント。LANやWANといった、場所ごとにある比較的小さなネットワーク同士が、相互につながり合ってできている。

——神様じゃないけど、ネット全体を世話している人とかコンピュータはないということですか。

そう。この仕組みのいいところは、唯一のセンターがないから、相互につながり合ってさえいれば、やりとりができるということ。具体的にネットワークの形で見てみよう。図29の一番上の①は、コンピュータが直線につながっている。これだと、途中のコンピュータBがダウンすると、AとCは通信できない。

——確かに。

では、②はどうですか。今度は星のような形につながってる。

——これも、真ん中のコンピュータが壊れると、ネットとしては全滅?

その通り。でも、③のように網目状になっていれば……

——これなら、大丈夫そうです。

——ひとつの経路がダメになっても、他の経路を使える。

そう、②を中央集中型と言うとすれば、③のようなネットワークは分散型です。コ

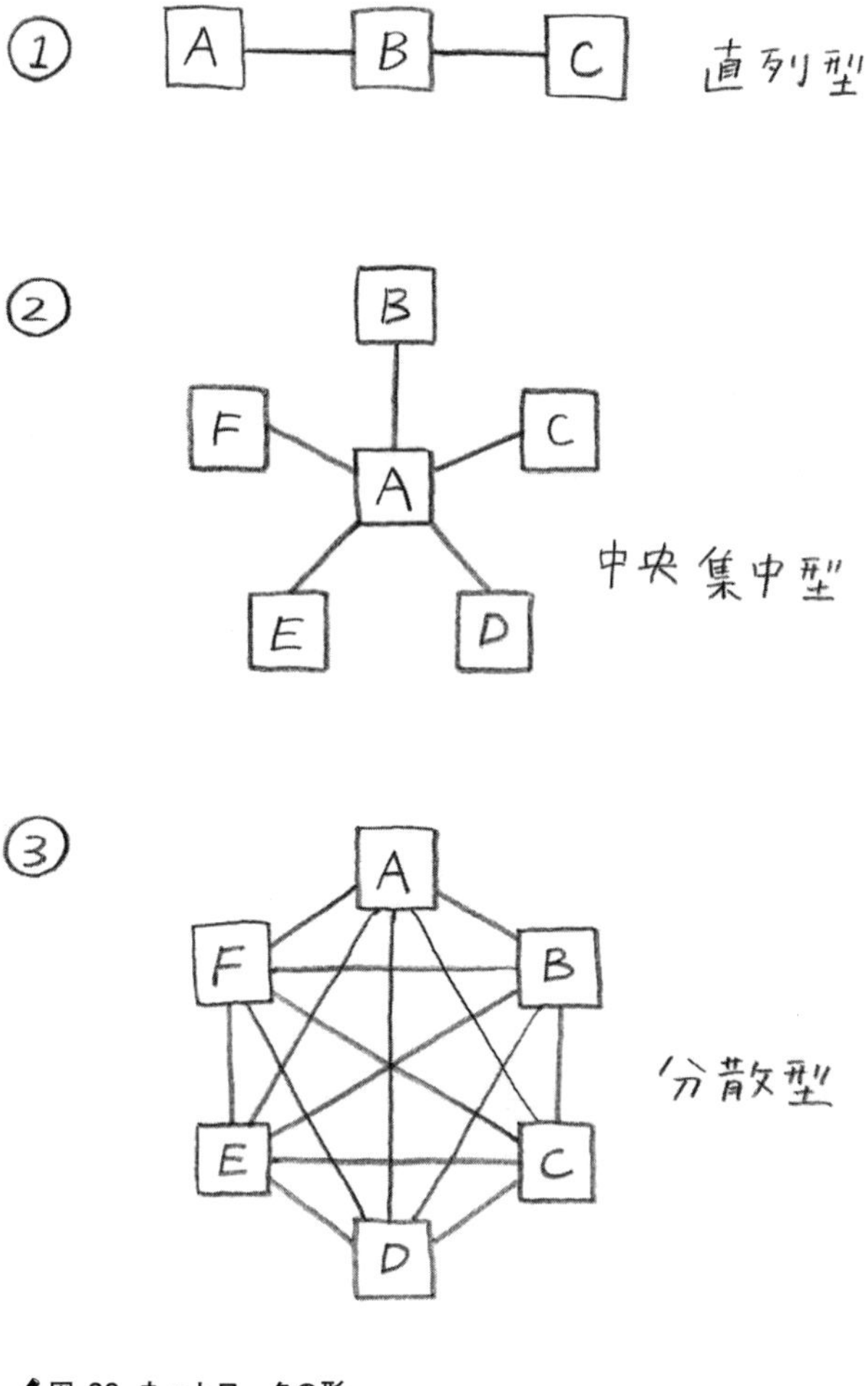

図-29 ネットワークの形

②の中央集中型では、コンピュータAが不具合を起こすと、ネットワーク全体がダウンしてしまう。③の分散型ならば、A～Fのコンピュータのうち、どれかが壊れたとしても、他の経路を使ってデータのやりとりができる。

ンピュータが不具合を起こすことを考えると、③のほうがいろいろな事態に対処しやすそうですね。

インターネットの母型となったのは、１９６９年にアメリカ国防総省が構築したARPANET《アーパネット》というネットワークらしい。軍事的に考えると一部が破壊されても稼働《かどう》するネットワークのほうがいいわけです。

——ここでも軍事が顔を出すんですね。

そう、変な話だけど、人が最も真剣かつ実用的にものを工夫するのが軍事の領域だと思います。日本のロボット技術についても、米軍から引き合いが来てるとか来てないという噂を耳にするけど、真偽はともかくさもありなんですね。

——ちなみに、私は個人でもネットを使ってるんですけど、この場合はどこにつながってると考えればいいんですか？

——プロバイダーと契約してますよね。

そうですね。要するに、インターネットに接続するには、光ファイバーケーブルや電話回線など、地域に張りめぐらされた物理的な回線を利用することになる。でも、これは個人や一企業でまかないきれるものじゃない。そこで、電気通信事業者（ＮＴＴやソフトバンク、ケーブルテレビ会社など）が構築している物理的なネットワークを使わせてもらう。こういうネットワークの提供者を、インターネット・サービス・プロバイダー、略してＩＳＰと言ったりする。つまり、インターネットの各種機能を使えるように提供する（provide）というわけです。

ＷＡＮというのは、こうした地域ごとの電気通信事業者、ＩＳＰが作っているネットワークのこと。それが相互につながっているのがインターネットです。

通信用の信号に変換する――ＬＡＮカード

さて、それでは、順を追って、どうしてメールがちゃんと届くのかという話をしていこう。実感から離れないようにするためにも、まずは装置の話から始めましょう。

ＬＡＮを通じてやりとりをするには、ネットワークに接続するための装置をコンピュータにセットする必要がある。といっても、最近では多くの場合、最初からついているから、かえって意識することはないかもしれない。

――昔はついてなかったんですか？

――自分でセットしてた気がします。

ついてなかったんですよ。だから、自分でＬＡＮカードを買ってきて、マザーボード(CPUや主記憶装置などを装着する基板)の拡張スロットに挿《さ》し込んでた。LANカードは、ネットワーク・インターフェイス・カードと呼ばれたりもする。略してNIC。ここではLANカードと呼んでおこう。みなさんのパソコンの背後などに、LANケーブルを差し込む口がついてると思うけど、その差し込み口を提供してるのがLANカードです。

このカードはなにをしてるかというと、いざみなさんのコンピュータからデータをLANケーブルに送り出そうというときに、コンピュータの記憶領域にあるデータを通信用の信号に変換するのです。反対に、ケーブルを介してやってきた信号をデータに変換して受け入れるのにも使われる。要するにネットへの出入り口です。

——そこは実感があります。

——ケーブルでつながってる。

そう、だから間抜けな話なんだけど、ときどきLANケーブルが抜けてるのに気付かないで、「あれ？　ネットにつながらない！」と困ることがある。さすがに何回かやると、最初に疑うようになりますけどね。でも、LANケーブルはつながってるはずという先入観があると、ずっと気付かないから気をつけてくださいね。

——はい（笑）。

どうやってお互いを区別している？

さて、ここで問題です。一体ネットでつながり合っているコンピュータは、どうやってお互いを区別してるでしょう。

——いや、それを知りたいんですけど……

もちろんいまからお話しするんだけど、こういう場合、すぐに答えを知るよりも、いったん自分でも考えたり空想するのが大事。単に知識として覚えようとしても、なかなか頭に入らないことがありますが、「なんでだろう？」って疑問を懐《いだ》くと、意外と忘れなくなります。

——そんなコツが。

——コンピュータ以外のことにも応用できそう。

では、ちょっと考えてみてほしいのですが、LANでつながり合っているコンピュータが2台しかなければ、話は単純です。なにしろ、自分以外のコンピュータは1台しかないから、相手を特定できる。

でも、もっと多くのコンピュータがつながっていたらどうしよう。これが問題。

——そのままだと、誰が誰だかわからない。

それでも区別せずに、ネットでつながっているすべてのコンピュータにメールを送りつける、という手も考えられなくはない。

——でも、それだとメールは世界中の人につつぬけ?!

そういうことですね。それどころか、ネット上のすべてのコンピュータが、いちいちすべてのコンピュータにデータを送りつけていたらたいへんです。だから……

——特定のコンピュータに宛てて送れるようにする。

——そのためにお互いを区別する必要がある。

その通り。では、5台のコンピュータがつながったLANがあるとします。この5台を区別するにはどうしたらいいですか?

——名前をつける。

いいですね。人間は、ものを区別するために名前をつけます。犬、猫、羊、牛といった一般名詞もあれば、ポチ、マルティナ、アルゴスといった固有名詞をつけたりもする。森羅万象について、実にさまざまなものを区別していますね。面白いのは、言葉で名前をつけると、区別できるようになるということ。このアイディアは、コンピュータの世界でも、とっても重宝してる。

——ファイル名もそうですね。

その通り。その話をしたときにも言ったように、ファイル名を変えることで、私たちは複数のファイルを区別している。それから、プログラムの変数の話を思い出してもいいですね（209ページ）。記憶領域のどこそこと言う代わりに名前をつけて区別してた。

――アセンブリ言語（195ページ）もそうですか？

そう、0と1の羅列では人間には区別しづらいから、それぞれにADDとか名前をつけたのでした。さらに言えば、〈dir〉や〈calc〉のようなDOS《ドス》のコマンド（166ページ）は、プログラムに名前をつけたものです。

――そう思うと、コンピュータって、名前だらけですね。

はい、これは重要なことです。いろんなソフトの命令（コマンド）も、全部名前です。だから、私たちはコンピュータを使っていくうちに、知らぬ間に実にたくさんの名前を覚えさせられているのです。

名前をつけるには？

さて、ネットワーク上のコンピュータも、同じように、名前をつけることでお互いを区別しています。逆に言うと、ネットワーク上にまったく同じ名前のコンピュータがあると、区別がつかなくなるので困ります。

ともあれ、名前がつけばこっちのもの。例えば、あるLAN上に5台のコンピュータがあって、それぞれにA、B、C、D、Eと名前がついている。自分のコンピュータはAだとしよう。そこで、Bにメールを送りたいと思ったら……

――B宛に送ればいい。

そういうこと。名前で区別できるからこそ、誰に送るかということを決められるのです。この考え方はとても大事です。細かい知識に溺《おぼ》れそうになったら、ここに戻ってみてください。

――どのコンピュータがどの名前かということは、実際にはどうやって決まってるんですか？

当然、それが疑問ですね。犬や猫に名前をつけるように、「私のパソコンはハルね」とか、みんなが勝手に名前をつけたらどうなりますか？

――他の人は知ったこっちゃない（笑）。

では、そうならないためにはどうしたらいい？

――うーん。

——そういう呼び名をつけるんじゃなくて、なにかコンピュータ同士がお互いを認識できるような形で名前をつけるとか。

そうそう、そういう考え方でいいです。次にそのことを話します。

LANの規格——イーサーネット

インターネットには、お互いのコンピュータを区別するための仕組みがいくつかあります。なにしろ、メールにしても、ウエブにしても、自分のコンピュータの記憶領域にあるデータを、別のコンピュータの記憶領域にコピーしたり、逆にネット上にあるどこかよそのコンピュータから自分のコンピュータにデータをコピーしたりする。だから、お互いをきっちり区別して、特定できることがなにより大事なわけです。

——はい。

そこで、どうやってお互いを区別しているかという話をしましょう。

まず、LANの仕組みについて、もう少し詳しく説明してみます。一口にLANといっても、具体的にはいろんな実現の仕方がある。何度か話したようにコンピュータの世界というのは、なんなら自分の必要に応じて自分で勝手にものをこしらえて構わない。だから、もし自分の会社内だけで通用するＬＡＮが欲しければ、自分たちでそういう仕組みを作ってしまうこともできる。

――ＤＩＹ（Do It Yourself＝自分で作ろう、の意）の世界。

まさに。だけど、みんながみんな自前で作りたいわけじゃない。誰かが作ってくれた方法を拝借するのが手っ取り早いわけです。ＬＡＮの実現方法の中で広く使われているのがイーサーネットという規格。「規格」というのは、要するに「こういう決まりを守って仕組みを作っておけば、どこでもだれでも同じように使えますね」という約束事のこと。ちなみにイーサーネットというのは、Ethernet と綴《つづ》るんだけど、Ether という言葉は、「エーテル」に由来してるようです。

――エーテルって、化学で出てくるあれですか？

そっちではなくて、物理のほう。19世紀に、光や熱や電磁波はどうして伝わるのかということが問題になったとき、それは空間をエーテルというなにかが満たしていて、その媒質《ばいしつ》の中を電磁波が伝わっていくのだ、という仮説が提示された。後にいろいろな実験を通して、そういう媒質はないということになって、この考え方は破棄されるに至る。でも、言葉の来歴には、なかなか含蓄《がんちく》があるよね。要するに、イーサーネットとはコンピュータ・ネットワークの媒質というわけです。

——歴史を感じさせますね。

このイーサーネットという規格では、主にふたつのことを決めている。ひとつは、物理的にどんなふうに接続するかということ。要するに、ケーブルの規格。それから、そういうケーブルでつながっているとして、その中をどんなふうにデータを流すかという決まり。

ネットワークの仕組みを考えるときに、よく階層構造の図が出てくる。いま述べたふたつの要素も、一番底に土台となる物理的な層があって、その上にデータをやりとりする層があると喩えると、ふたつの層があると見なせる（図30）。これは、言ってみれば私たちがものを整理して理解するための図式化ですね。

——ほんとは上下に層になってるわけじゃない。

——でも、図にしたほうが圧倒的に頭に入りやすそう。

電器屋さんでLANケーブルを見ると、100BASE-TXとか、1000BASE-Tといった言葉がパッケージに印刷されてるんだけど、見たことありますか。

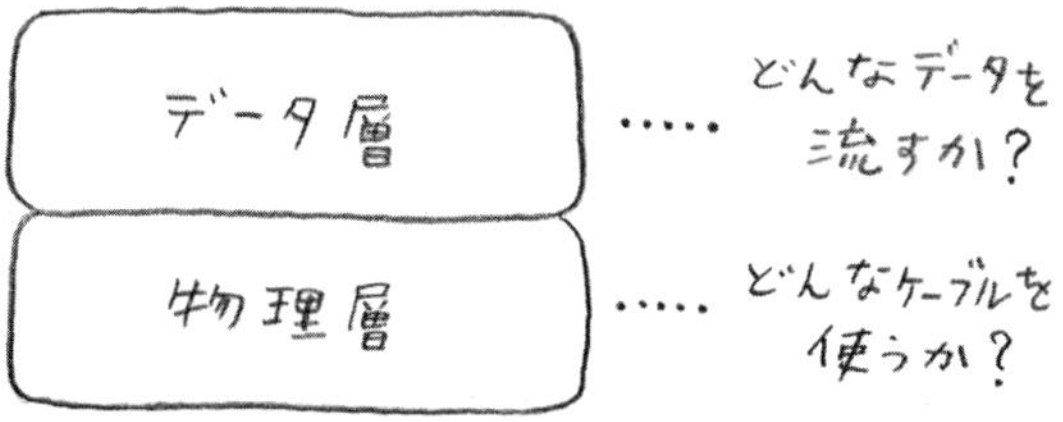
データ層
……どんなデータを流すか？
物理層
……どんなケーブルを使うか？

図-30 データ層と物理層

——いえ、気にしたことがなかったです。

これは、イーサーネットの物理的な規格を示したものです。100とか1000というのは、通信速度のこと。通信の速さは、bpsという単位を使う。これはbit per secondの略と言えばなんとなくわかりますか？

——1秒あたりのビット数。

——1秒で送れるデータがどのくらいかということですか。

そう。100とか1000というのは、ほんとは後ろにMがつく。つまり、メガバイト。ということは、100 BASE - TXだと、１秒間に……

——１００メガバイト。

1000 BASE - Tは？

——１０００メガバイト。

——つまり1ギガバイトですね。

というわけです。基本的にはこの数値が大きいほうが、速い通信速度に対応している。もっとも、ケーブルばかり高性能でも、肝心のＬＡＮカードが、その速度に対応してないと意味がないのですが。

LANカードの製造番号――MACアドレス

さて、イーサーネットの規格では、ネット上のコンピュータ同士を区別するための工夫も用意してある。実はLANカードには、固有の番号が振られているのです。

――え、固有ってことは、1個1個全部違うんですか？

そう、基本的には。製造する際に、LANカードに固有の数値を割り振って記憶させてある。具体的にどうなってるか、試しに調べてみよう。

――そんなことできるんですか？

はい。まずは、コマンドプロンプトを起動する。第5章のはじめで使った、グラフィックを介さずWindowsとやりとりできるソフト（165ページ）です。では、言う通りに入力してみてください。　getmac。

――コマンドですね……ええと、getmac……最後にEnterと。

――あ、なにか表示された。

00-1D-09-8A-68-00

――16進数？

そう。これがこのパソコンのLANカードに割り振られた数値です。この数値のうち、最初の3つ（00-1D-09）がメーカー番号。この割り当てについては、IEEE（電気電子学会）という組織が管理していて、同学会のウェブサイトで調べられます。残りの3つの数値は、LANカードのメーカーが割り振るもの。16進数で2桁の数は8ビット。それが6つあるから、全部で48ビット。48ビットあると、ざっと280兆の違いを表現できる。

――へぇ、知らないうちに区別できるようになっていたんですね。

――てっきりIP《アイピー》アドレスだけなのかと思ってた。

IPアドレスについても後で話しましょう。

この数値のことを「MAC《マック》アドレス」と言います。これは、Media Access Controlアドレスという言葉を省略したもの（アップルのMacとは特に関係ありません）。媒体《メディア》が接触するのを制御するための番地というわけです。名前はともあれ、この番号があれば、ネットワークにつながった装置が互いに区別できることはわかりますね。

――装置のレベルですでに区別されているわけですね。

PC同士をつなぐには――スイッチ

次に考えておきたいのは、それではMACアドレスという固有の番号を、どう活用しているかということ。

――はい。

そこで改めて考えなくてはいけないのは、LANで5台のコンピュータをつなぐとき、実際にはどうしたら5台をつなげるかということ。なにしろそれぞれのコンピュータには、LANの出入り口が1個しかない。このままだと、ケーブルは1本しかつなげないから、他のコンピュータ1台としかつなげない。さてどうしますか？

――うーん……

なんとなくでもいいですか？

もちろん。

――自分が連想したのは、電源のたこ足配線みたいな感じです。

お、いいですね。もうちょっと言うとどういうことですか。

――つまり、電源が1個しかなくて、電源につなぎたい装置が5台あるから、口が5つある電源タップを用意する。それぞれの装置から伸びたケーブルを電源タップにつなぎ、タップを電源につなげば5台ともひとつの電源につながる。

うん、いいアイディアです。いま考えてくれたように、LANでも電源タップみたいな装置を使います。スイッチと呼ばれる装置があって、この装置にはLANケーブルを複数挿せるようになっている。つまり、5台なら5台のコンピュータから伸びるLANケーブルを、この装置につなげば、5台がお互いにつながります。

――まさにたこ足配線みたいです。

有線の場合、見た目にもたこ足ですね。このスイッチという装置は、中継器みたいなもので、ここにつながったコンピュータ同士は、MACアドレスで相手を区別しながらデータのやりとりができるわけです。これでコンピュータが、物理的には互いにつながり合った。あと必要なことはなにか。データを送り出すときに……

――送り先を指定する?

送り先としては、なにを使う?

――MACアドレスですか?

そう。そこで、送りたいデータをそのままLANケーブルから送り出すんじゃなくて、宛先をヘッダーとしてつければいい。

――ヘッダーって、前に出てきた、あれですか?

2日目、絵を音として聴いたときに出てきました（101ページ）。ファイルには、頭のところに、特別なデータがついていて、そのファイルはどう扱うべきデータなのか指定していました。それと考え方は一緒です。この場合、ヘッダーとして宛先のMACアドレスをつける。そうすると、このデータを中継するスイッチが、ヘッダーを確認して、「なるほど、このデータはこのMACアドレスのコンピュータに送ればいいのね」と振り分ける。

——郵便局みたい。

WANに接続するための装置——ルーター

さて、以上の仕組みがわかったら、残りは

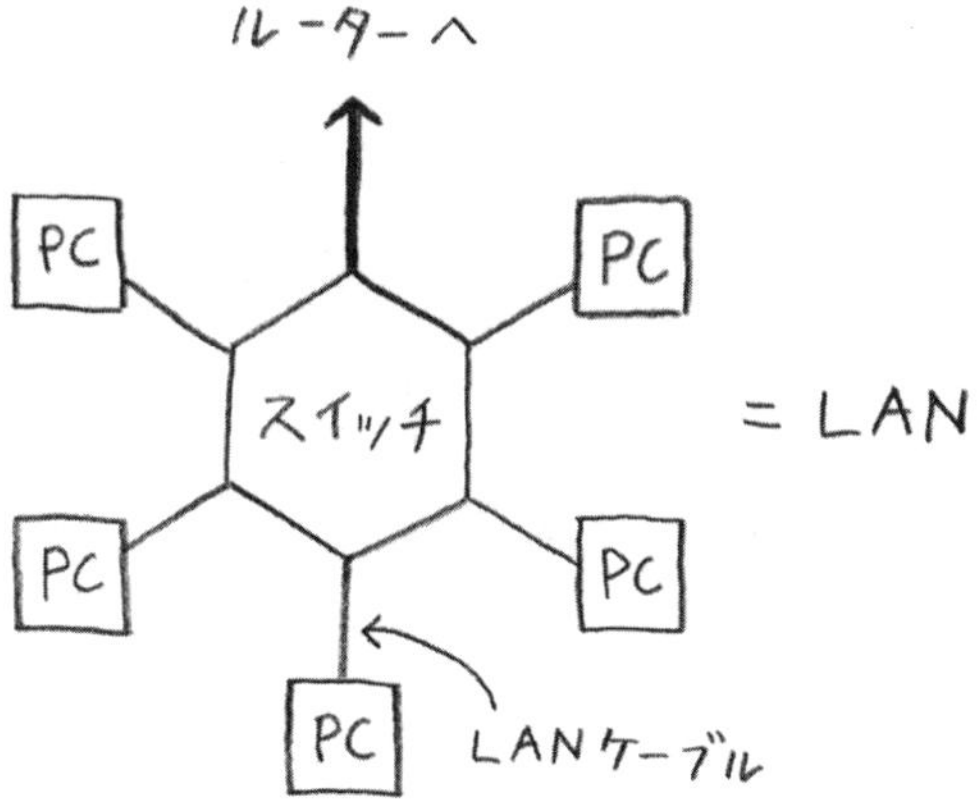

図-31 スイッチ

スイッチは、複数のPCをつないでLANを形成する装置。

その応用のような形で理解できます。LANより広い領域のネットワークについて考えてみよう。

LANを他のネットワーク、つまりWANにつなぐためには、ルーターという装置を使います。ルーターというのは、router、つまり、「道筋をつけるもの」という意味で、まさにその通りの機能を持っている。ルーターにもMACアドレスが割り当てられているから、LANカード（を搭載したコンピュータ）と同じように、データの転送先に指定できる。

このルーターという装置は、自分に送られてきたデータを、宛先となるネットワークに送り届けるには、どんな道筋を辿ればいいか、ということを判断する。


——賢いんですね。

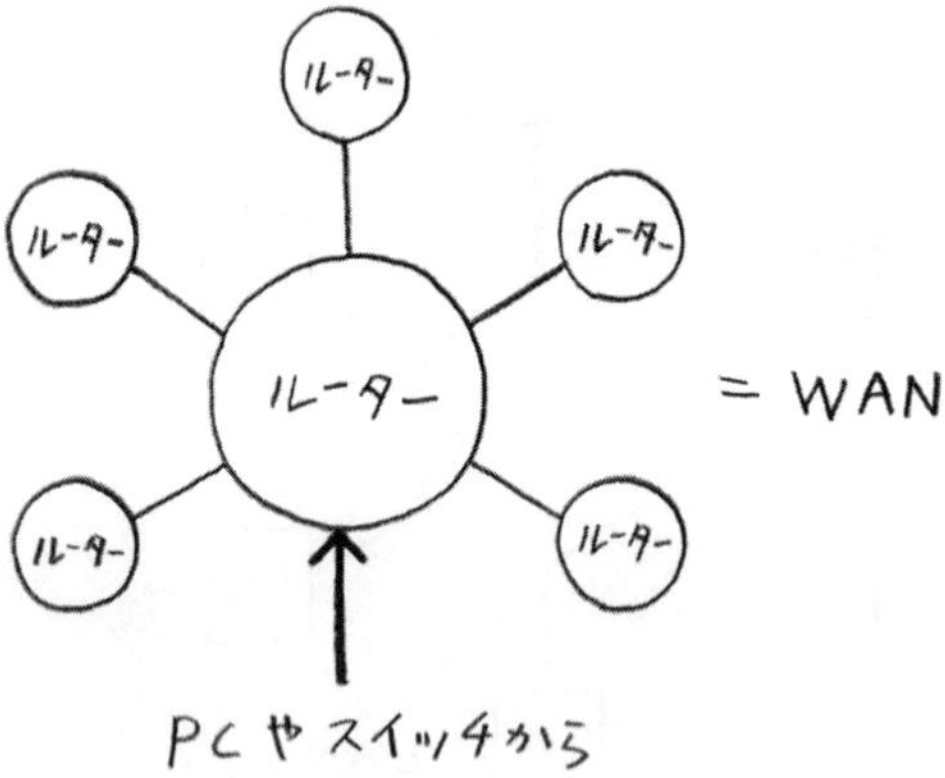

図-32 ルーター
ルーターは、PCやLANをインターネットにつなぐ装置。ルーター同士がつながり、WAN（インターネット）を形成する。

そう。でも、ここにもちゃんとからくりがある。ここで使われるのが、さっきちらっと出てきたＩＰアドレスというものです。

――また住所が出てきた。

インターネットにおける住所――ＩＰアドレス

ＩＰアドレスとは、Internet Protocolアドレスの略称。インターネットという言葉が入ってるね。プロトコルというのは、もともと外交儀礼とか、議定書といった意味なんだけど、コンピュータの世界では、通信をするときの規約、約束事のこと。

要するに、別々のコンピュータがやりとりをする上で、お互いに同じ規則に従ってないと、話ができない。そこで、データをやりとりするときには、こういう規約でやりましょうねと決めているのがプロトコル。例によっていろんな種類があるんだけど、中でもインターネット・プロトコルは、とても広く使われている。

それで、ＩＰアドレスというのは、インターネットにつながっている世界中のコンピュータを区別するためのもの。なにせ、インターネットはいまや世界中で使われている。何億台あるかわからないし、どんどん増えていくコンピュータをどう区別しようかというので工夫されたアドレスなのです。

──IPアドレスというのは、やはり誰かが管理してるんですか？

はい、ICANN《アイキャン》（The Internet Corporation for Assigned Names and Numbers）という組織が、国や地域ごとに使ってよい番号の範囲を割り振っている。それを受けて、各地域や各国で、ICANNから割り振られた範囲のIPアドレスを、管理する団体がある。

──そこは階層構造なんですね。

日本では、社団法人日本ネットワークインフォメーションセンター、略してJPNIC《ジェイピーニック》というところが担当している。それで、このJPNICが、各種プロバイダーや企業や大学に対して、使ってよいIPアドレスの範囲を割り当てている。

ここから先はひょっとしたらお馴染みの話かもしれないけど、各プロバイダーは、契約しているユーザーに対して、ひとつのIPアドレスを割り当てる。

──マトリョーシカみたい。

そう、入れ子なんです。こんなふうにして、インターネットにつながっているすべてのコンピュータを区別できるように、IPアドレスを割り当てているというのがポイントです。

——ということは、私が使ってるコンピュータにも、固有のＩＰアドレスが割り当てられてるんですか？

そう、と言いたいところなんだけど、実はそうじゃない場合もある。

——え？

もうちょっと正確に言うと、コンピュータをネットに接続するつど、一時的にＩＰアドレスを割り当ててもらうという仕組みがある。この場合、自分がネット接続に使っているコンピュータは、必ずしもいつも同じＩＰアドレスというわけではない。

——その場合でも、そのつど割り当てられるＩＰアドレス自体は、世界中で唯一？

そう。それで、肝心のＩＰアドレスというのは、こんな見た目をしている。

192.168.1.25

——これは何進法ですか？

これはピリオドを区切りとして10進法の数値を４つ並べたものです。それぞれの塊《かたまり》ごとに０〜２５５の値を取るので、組み合わせとしては、２５６の４乗。電卓で計算してみてください。

――ええと、２５６を4回かけると……4,294,967,296だから、約42億9千万くらい。

そのくらい区別できるというわけですね。

――これだけあれば足りるのかな。

――どうだろう？

このＩＰプロトコルは、バージョン４なのでＩＰｖ４《アイピーブイヨン》と呼ばれてる。作られた当初はこれで足りるだろうと思われてた。でも、世界中でインターネットのユーザーが増えて、さらに家電などにもＩＰアドレスを割り当てるといったアイディアも出てきて、いまでは遠からず足りなくなると予想されている。

――43億って途方もない量に思えるけど、有限なんですね。

それで、ＩＰアドレスが品切れになっても大丈夫なように、次世代ＩＰのＩＰｖ６《アイピーブイロク》が使われ始めている。これは2の１２８通りというから、340,282,366,920,938,463,463,374,607,431,768,211,456……と、数字を読み上げるだけで大変な量を用意したのです。

――天文学的数字というやつですね。

――これもまた何十年後かには足りなくなったりするのかな。

想像もつかないことだけど、IPv4のときだって、いまのような状況は予想外だったのかもしれない。ちなみに、自分のコンピュータのＩＰアドレスは、Windowsなら、コマンドプロンプトで〈ipconfig〉と入力すると確認できる。

――じゃあ、宛先のIPアドレスをきちんと指定すれば、データを送れるということですか？

そう。さっきはデータにMACアドレスのデータをヘッダーとしてくっつけると言ったけど、さらにIPヘッダーというIPアドレスに関するデータをくっつける。

――なんだか宅配される品物にどんどんタグをつけていくみたいですね。

そんなイメージでいいかも。ここでルーターの話に戻ろう。

つながっているほうへ向けて送り出す
――ルーター

ネットワークはルーターを介してつながり合っていると言いましたね。このルーターという装置が、前に言ったバケツリレーをやる。ルーターは、自分のところにデータが送られてくると、

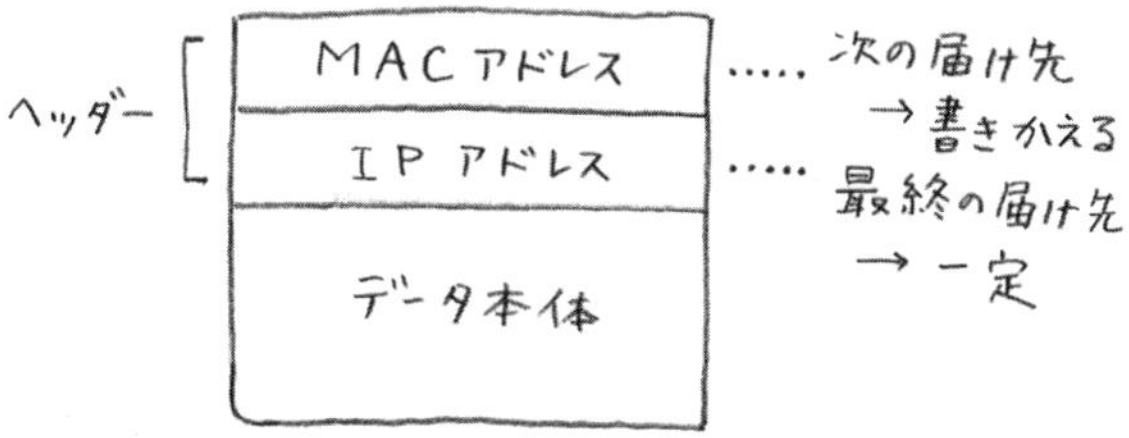

図-33 MACアドレスとIPアドレス

IPヘッダーを見て、このデータを届ける送り先のIPアドレスを確認する。それで、自分からそのIPアドレスまで、道がつながっているかどうかを調べるのですね。

――それはどうやって調べるんですか?

ルーターは、自分の位置からつながっている道、ルートをときどき調べて登録している。だから、その登録データを調べると、いま手元に来たデータの宛先に、自分がつながってるかどうかをチェックできる。それで、データ上でつながっていれば、そちらへ向けてデータを送り出す。

――その場合、最終的な宛先はIPアドレスでいいとして、そこに届けるまでにいくつかのルーターを経由しますよね。そうすると、あるルーターが、来たデータを次のルーターに送るとき、すぐ次に届けるルーターはどうやって指定するんですか?

――あ、そうか。

そこでさっき出てきたMACアドレスが活躍する。データのヘッダーには宛先のMACアドレスが入っていました。これを、次にこのデータを渡すお隣さんのルーターのMACアドレスに書き換えて送り出すのです。

――ふたつのアドレスを使い分けてるんですね。

ただし、ルーターが、受け取ったデータのIPアドレスを調べた結果、自分の位置からでは届けられないとわかる場合もある。例えば、少し前までつながっていたルーターがいまは機能していないとか。

——どうなっちゃうんですか？

破棄してしまいます。

——え、なかったことに？

「このルートは脈がないから他を当たっとくれ」、ということです。ルートがつながっていれば、この仕組みで届くわけです。ただし、事と次第によっては、全然宛先に届かずに、延々とネットの上をさまようデータが出て来てしまうかもしれないので、データには寿命が設定されている。ルーターを何回まで経由できるかという生存時間(Time To Live)という値があって、ルーターを経由するごとにこの値が減っていき、0になると破棄されるのです。時間切れの仕組みですね。

——ちなみに、ルーターは、最短距離まで考えたりするんですか？

最適化するように学習する仕組みを備えているから、本当に最短距離かどうかは別として、なるべく近道を選ぼうとしていると言っていいです。

いずれにしても、ここで理解しておきたいのは、最終的な宛先は最初から決まってるにしても、次にどっちに進むかは、その場その場で決めてるということ。見ようによってはゆるい仕組みですね。

――でも、そのおかげで柔軟にデータを送れる。

なにしろ、ネットワークの構成、つまりネットワークにどんな装置が参加するかということは、日々どんどん変化してるから。融通が利く作りが必要なわけです。でも、どこかでつながっていさえすれば、地球の裏側のコンピュータとだってやりとりできるわけです。

――壮大なバケツリレー。

パケットに分ける

ここまで来たらもう少し。送信されるデータのことを考えておこう。自分のコンピュータの記憶領域にあるデータは、どうやってネットワークに送り出されると思いますか?

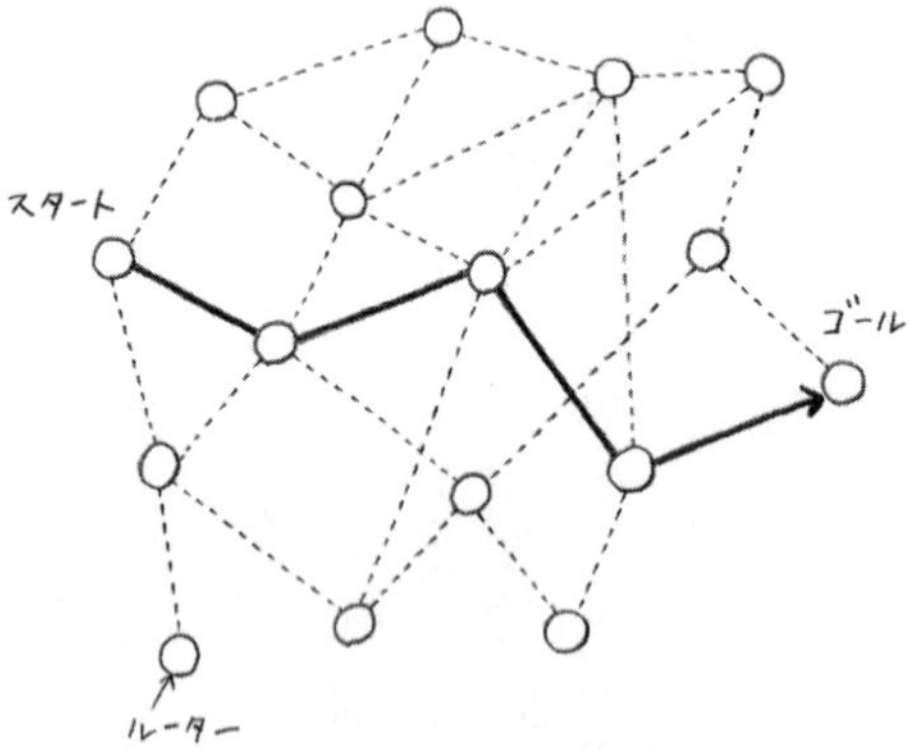

図-34 インターネットはバケツリレー

——え、そのままじゃないんですか？

そのままということは、1ギガバイトのデータなら、まるまる1ギガバイトの塊《かたまり》として送るということかな？

——うう、なんとなくそれはまずい気がします。

なにがまずそうかな。

——それは……

——イメージなんですけど、大きなデータをそのまま送ると、通信回線とかそれを送受信するルーターとかが大変そう。

もしそうだとしたら、どうすればいいと思う？

——細切れにする……

では、さらに訊《き》いてしまおうかな。細切れにするとなにかいいことありそう？

——回線や中継する装置が困らない。

さっきの逆を言ってみたわけですね（笑）。なぜ困らないだろう。

——データが小さければ……うーん、なんだろう。

——でも、なんとなく大きいよりは小さくなってるほうがいい気がします。

そこが知りたい。実際に、大きなデータを小さく分割して送ります。この小さくしたデータのことを「パケット」と呼ぶ。packet、まさに小包みたいなもの。

——コンピュータ用語って、わかりづらいばかりじゃなくて、比喩が面白い。

——さっきのエーテルもそうだった。

名前をうまくつけると、区別しやすくなりますね。さて、データをパケットにするとなにがいいか。いくつかあるけど、ひとつには、データの送信効率を上げられる。

例えば、送信中になにかの原因で、データの一部が壊れたとする。大きなデータをそのまま送る場合、もう一回送り直すのは大変。でも、小さなパケットにしてあれば、壊れたパケットだけ送り直せば、大きいままのときよりは、手間が少なくて済む。

それから、通信回線は、物理的に有限のもの。だから、一度に送れるデータの量には上限がある。大きなデータを塊で扱うと、そのデータが回線を専有してしまうから、その間他のデータは送れない。でも、パケットに分割してあると、データAのパケット、データBのパケット、データCのパケット……というように、複数の送信を、同時にこなしているかのような使い方ができるのです。

——そうすると、ヘッダーはパケットごとにつくんですか？

その通り。パケットごとにつけないと迷子が出てしまいます。それから、分割されたパケットが、送信先でちゃんと元に戻れるように、どんな順番で再び合体すればいいかというデータもついている。

ちゃんと届けるための仕組み――TCP

先ほどパケットが送信の途中で壊れてしまったらと言いました。例えば、次の送り先である装置が壊れてたり電源が落ちてたりしたら、そこに向けて送ったデータがどうなるかわかったものじゃない。

――確かに。

なので、パケットがちゃんと届くようにするための仕組みが用意されている。簡単に言うと、いまから送る先の装置は準備できてますか、送ったものは届きましたか、ということをチェックするわけです。こういうことをするためのプロトコルをTCPといって、これはTransmission Control Protocolを省略したもの。直訳すると、転送を制御する規約。このやり方は、間違いが生じにくくなるように丁寧に事を進める。それだけに処理に時間がかかります。

それに対して、少しいい加減でもいいから、ともかく速く送りたいという場合には、UDP、つまりUser Datagram Protocolというプロトコルを使う。こちらは、TC

Ｐみたいにあれこれチェックせず、ともかく送ってしまえという発想。動画や、インターネット電話などは、多少間が抜けてもなんとかなるのでこちらを使う。

接続の仕方――ピアトゥピア型とクライアント－サーバー型

ここまでのところでなにが質問はありますか。

――ネットの話でよくサーバーという言葉を耳にしますが、これはいままでの話とはどう関係してますか。

サーバーについては、まだ一度も触れていませんでした。この辺で話しましょう。

ここまでのところ、ＬＡＮやインターネットでは、データをどんなふうにやりとりしているかという話だった。今度は、少し角度を変えて、コンピュータの接続の仕方について考えてみよう。大きく分けるとふたつある。

ひとつは、ピアトゥピア型（Peer To Peer, P2P）という方式。peerというのは、同等な者とか仲間という意味の言葉。つまり、ピアトゥピアというのは、コンピュータがお互いに同等の立場でつながり合う方式のこと。これだけ聞くと、そんなの当たり前じゃないかと思うかもしれない。これは、もうひとつの方式と対比すると違いがよくわかる。

それがクライアント‐サーバー型（Client‐Server）と呼ばれる方式。これも英語の意味を確認するのが早道です。client は依頼者、サービスを受ける人のこと。それに対する server は、奉仕者、サービスする人。つまり、この接続の仕方では、ピアトゥピアと違って、コンピュータの間に立場の違いがある。

――サービスするコンピュータと、サービスされるコンピュータ。

サービスするためのプログラム
――サーバー

サービスにはいろんな内容があります。例えばプリントサーバーなんていうのがある。これは、

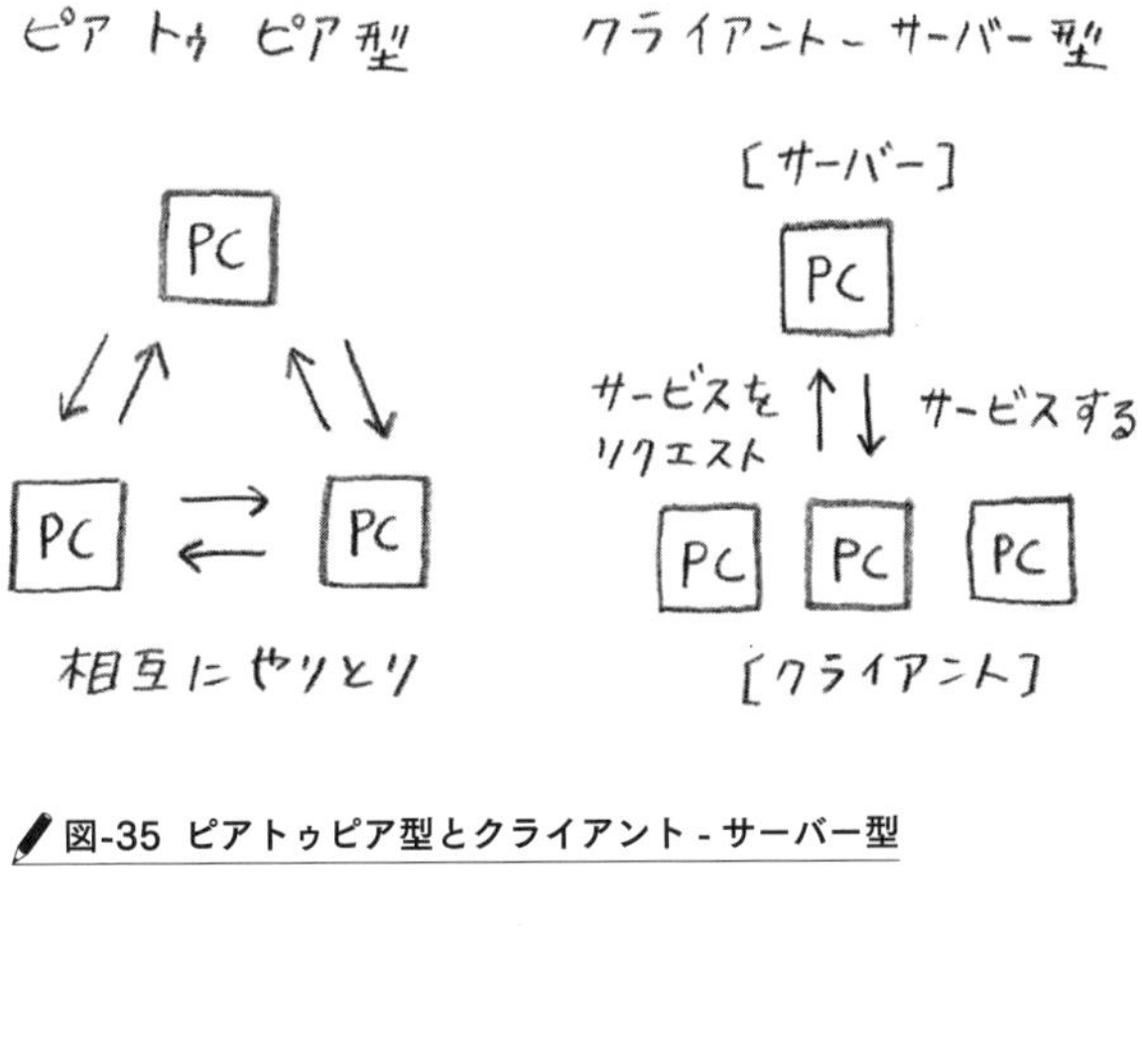

図-35 ピアトゥピア型とクライアント‐サーバー型

プリンターを管理するサーバーで、みんなのコンピュータから印刷の要求（命令）を受け付けて、順番に印刷の処理をするもの。正体はプログラムです。

――サーバーって、てっきりコンピュータのことかと思っていました。

サーバー用プログラムをインストールしたマシンをサーバーと呼ぶので、結果的にはサーバーはコンピュータだと言っても同じようなことですね。

サーバーには、他にもいろんな種類がある。要するにサービス内容によって、働きが違う。よく知られてるのが、メールサーバーとかウェブサーバー。クライアントからのリクエストに応じて、メールやウェブページのデータの送受信を行ってくれる。これらはソフトだから、1台のコンピュータに複数のサーバーソフトをインストールすれば、複数のサーバーとして働くこともできる。

インターネットは壮大なバケツリレーだという話をしたけど、言ってみれば、ルーターとサーバーがバケツを持って立っている人というイメージですね。

――24時間立ちっぱなし?

トラブルやメンテナンスなどで利用できない状態もあるけど、基本的には稼働しっぱなしです。逆に、もしこれらの機器が一斉にダウンしたら、インターネット自体が機能しなくなる。

――ネットが働いていない状態って、もはや想像しがたいものがあります。

――でも、確かにネット上の個々のサービスは、時間帯によってメンテナンスとかで使えないことがありますね。

そう、サーバーを、一時的にネットから切り離して、別の作業をしたりしているからです。あるいは、「サーバーがダウンした」という言い方をするのは、なんらかの不具合でサーバーが機能しなくなった状態のこと。

――24時間、動いているからこそ、いつでも使える。感謝したい気持ちです。

――でも、誰に感謝していいのかわからない。

サービスを受けるためのプログラム――クライアント

これに対して、お客さん側をクライアントと呼ぶ。こちらも正体はソフトです。例えば、ウェブのクライアントソフトといったら、Internet Explorer《インターネットエクスプローラー》とかFirefox《ファイアーフォックス》とかGoogle Chrome《グーグルクロム》みたいなブラウザー（ウェブを閲覧するソフト）のこと。メールのクライアントソフトといったら、Outlook《アウトルック》をはじめとするメールソフトですね。つまり、みなさんがネットを介してなにかをするソフトは、大体なんらかのクライアントソフトだと思って構わない。

コンピュータをサーバーとクライアントに区別して、両者の組み合わせでネットワークを作るから、クライアント - サーバー型というわけです。

――サービスする人を専門で用意するわけですね。

どのアプリケーション用のデータなの？

ここで最後にもうひとつ、ネットワークの仕組みについて考えないといけない。先ほど話したように、皆さんがコンピュータから送り出したデータは、バケツリレーによって、送り先のコンピュータに届く。でも、受け取ったデータを、なんのデータとして扱ったらいいかわからないと困りますね。

――データが来たのはいいけど、意味がわからない。

それではまずいので、実際には「このデータはどのアプリケーションソフトで扱うのか」というデータをヘッダーにつけているのです。

――また荷物のタグが増えた。

このヘッダーがあるから、受け取った側のコンピュータで、「これはメールソフトで受け取るべきデータなのね」ということがわかる。1台のコンピュータで複数のソフトが動いていたりするから、そのうちのどのソフトに渡せばいいかを区別するわけです。

――コンピュータだけじゃなくて、そのコンピュータのどのソフトか、ということまで宛先に書いておく必要がある。

そう。以上のことを図でまとめておこう。ネットワークは階層構造で働いていると言ったけど、およそこんな感じになっている（309ページ、図36）。

ここで大事なことは、インターネットでデータを送るときには、複数のプロトコル（通信規約）を利用すること。説明してきたように、それぞれのプロトコルは、そのデータをどこに送り届ければいいかということをヘッダーに書いて、データにつけて送る。

インターネットには、他にもいろんなプロトコルがあって、アプリケーションソフトが必要に応じて使い分けている。目下広く使われているTCP／IP、つまりTCP（Transmission Control Protocol）とIP（Internet Protocol）を組み合わせて使うやり方は、だいたい以上のような形。ここまでの話がわかれば、後は細かいところに入っていっても大丈夫じゃないかな。逆に言うと、いきなりこれ以上細かい話をしても、木を見て森を見ずになるおそれがある。

メールを送るサーバー――SMTPサーバー

では最後に、以上のことを踏まえて、どうして電子メールがちゃんと届くのかということを見ておこう。

電子メールを利用するには、インターネットに接続する必要があるのはもちろんなんだけど、メール送信を担当してくれるサーバーがいてくれないと困る。

――そんなサーバーもあるんですか。

そう。送る専門のサーバーをSMTPサーバーといって、これはSimple Mail Transfer Protocol サーバーの略称。メールの送信のためのプロトコル、つまり約束事。ネットの階層としては、一番上のアプリケーション層に位置する。

みなさんが自分でやったかどうかわからないけど、メールソフトを使い始めるとき、SMTPサーバーを設定しているはずです。同様に、メールを受信するには専用のPOPサーバーというのがある。

――そのサーバーはどこにあるんですか?

プロバイダーが提供しています。だから、プロバイダーと契約すると、メールサーバーはこれを使ってくださいというお知らせが来る。

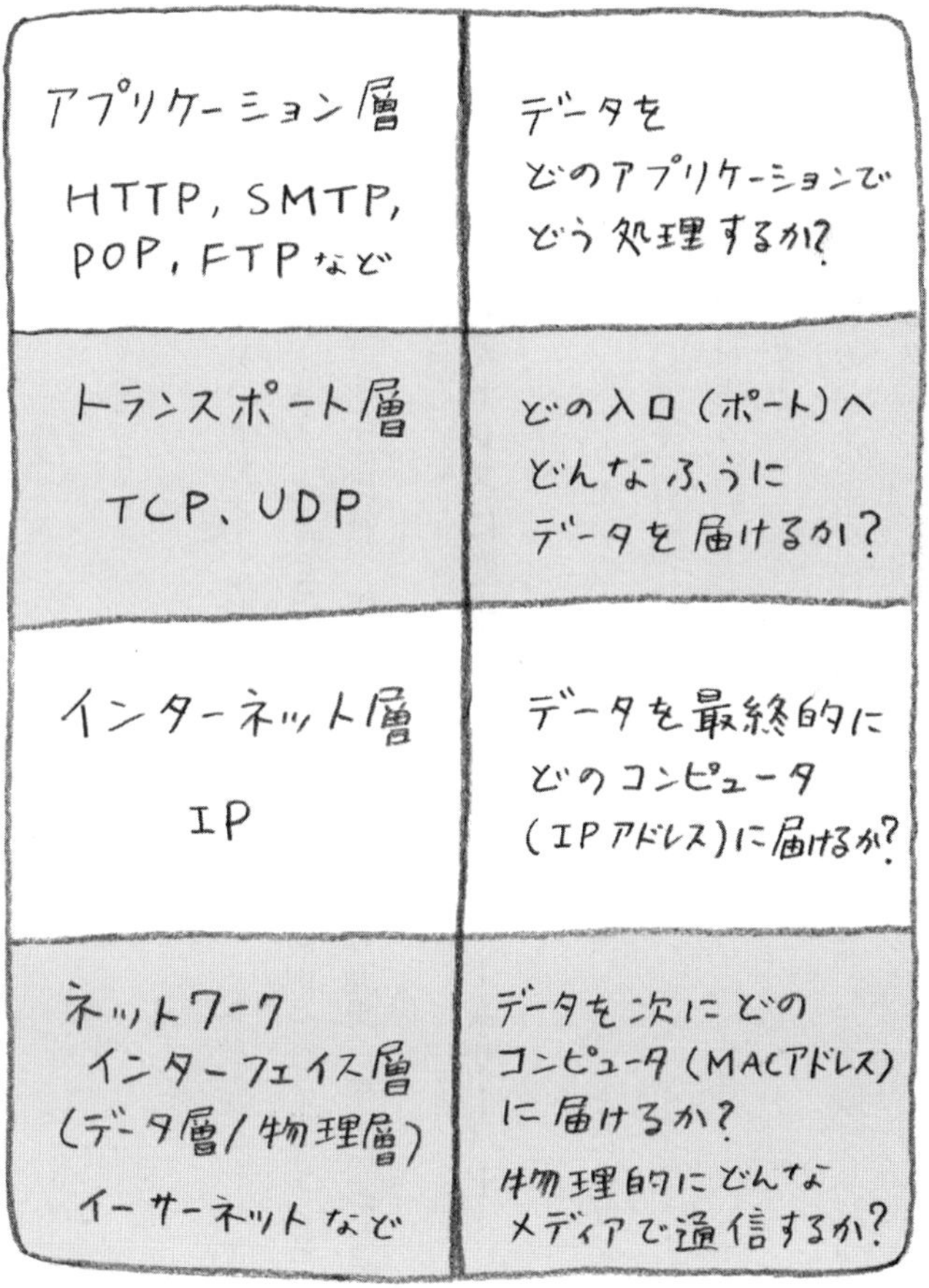

アプリケーション層 HTTP, SMTP, POP, FTP など	データを どのアプリケーションで どう処理するか？
トランスポート層 TCP、UDP	どの入口（ポート）へ どんなふうに データを届けるか？
インターネット層 IP	データを最終的に どのコンピュータ （IPアドレス）に届けるか？
ネットワーク インターフェイス層 （データ層/物理層） イーサーネット など	データを次にどの コンピュータ（MACアドレス） に届けるか？ 物理的にどんな メディアで通信するか？

図-36 ネットワークの階層構造

例えば、私がメール送信に使っているSMTPサーバーは、こんな名前。

smtp.logico-philosophicus.net

つまり、私がメールソフトでメールを書いて送信すると、まずそのメールはこのSMTPサーバーに届けられる。logico-philosophicus.net の部分はドメイン名といって、場所を指している。domain は、領域という意味だから連想しやすいかな。

ドメイン名をIPアドレスに変換——ドメインネームサーバー

ただし、ここで注意しておきたいのは、このサーバー名は、このままだとコンピュータには意味がわからない文字の羅列にすぎないということ。インターネット上でコンピュータを区別するにはどうしたでしょう。

——IPアドレスを使う。

そう、それです。右のサーバー名はそのままじゃIPアドレスと似ても似つかない。でもこれはIPアドレスに対応している。正体はこうです。

211.125.95.219

例によって、数値の羅列だと、人間には覚えづらいことこの上ないから……

――文字で名前をつけた。

その通り。だから、logico-philosophicus.netという文字は、コンピュータのほうで、そのつど211.125.95.219という数値に読み替えてる。といっても、どう読み替えたらいいかというデータは、自分のコンピュータには入ってない。

――え？　じゃあどうするんですか。

そのための専門家、専門サーバーがいます。

――えらい専門分化してるんですね。

ええ（笑）。そういうサーバーを、ドメインネームサーバー（Domain Name Server）、略してＤＮＳと言います。文字で書かれたドメイン名をＩＰアドレスに変換してくれるサーバーです。こういうのを名前解決と言ったりします。

用語はともかくとして、これでＩＰアドレスがわかったので、まずはこのＳＭＴＰサーバー（smtp.logico-philosophicus.net）にメールを送る。すると今度は、そのメールを受け取ったSMTPサーバーが、メールの送り先を調べる。
みなさんがメールを送るとき、宛先はどうやって書いていましたっけ？
――メールアドレスを書きます。
そうですね。例えば、こんなふうになっている。

takamitsu@asahipress.co.jp

@より前がユーザーを特定する名前。@より後ろがドメイン名。どこのサーバーに送ればいいですか、ということですね。coというのはcompany、つまり会社。jpはjapanという意味。これもこのままだと、コンピュータにとってはどこに送ればいいのかわからない。だから、DNSを利用してIPアドレスに置き換えて、そのIPアドレスに宛てて送信するという次第。

メールを受信するサーバー――POPサーバー

では、このメールを受信するときにはなにが起きているか。いままでの応用篇みたいなものです。みなさんが、メールを受信するときは、どうしてる? 例えば、自分が takamitsu@asahipress.com というアドレスだったとして。

――ええと、メールソフトを起動する。

それから?

――受信を命令します。

――それで後は受信してくれる。

そのとき、みなさんのコンピュータは、どこからメールをもらってきてるかな。メールの送り主からもらってきてますか?

――違うと思います。

じゃあどこからだろう。さっきの話をよく思い出してみて。

――asahipress.co.jp のSMTPサーバー?

惜しいけどちょっと違う。メールの受信をする場合には、POPサーバーというのが活躍する。これは、Post Office Protocol の略で、読んで字のごとし、郵便局です。このサーバーに、みなさん宛てのメールが届いていて、貯められているのですね。

だから、メールを受信する際には、POPサーバーに接続する。つまり、pop.asahipress.co.jp というサーバーにリクエストして、自分宛のメールを、自分のコンピュータに向けて送信してもらうわけです。

かくして、私が自分のコンピュータの記憶領域でこしらえたメールのデータが、インターネットのバケツリレーを経て、つまり、ルーターを経由して、サーバーの記憶領域にコピーされて、最終的に、宛先のコンピュータの記憶領域にコピーされるというわけです。

どうかな。メールが届く仕組み、わかりましたか?

――やっていることの一つひとつは、思ったより素朴というか、シンプルで、そのことに驚きました。

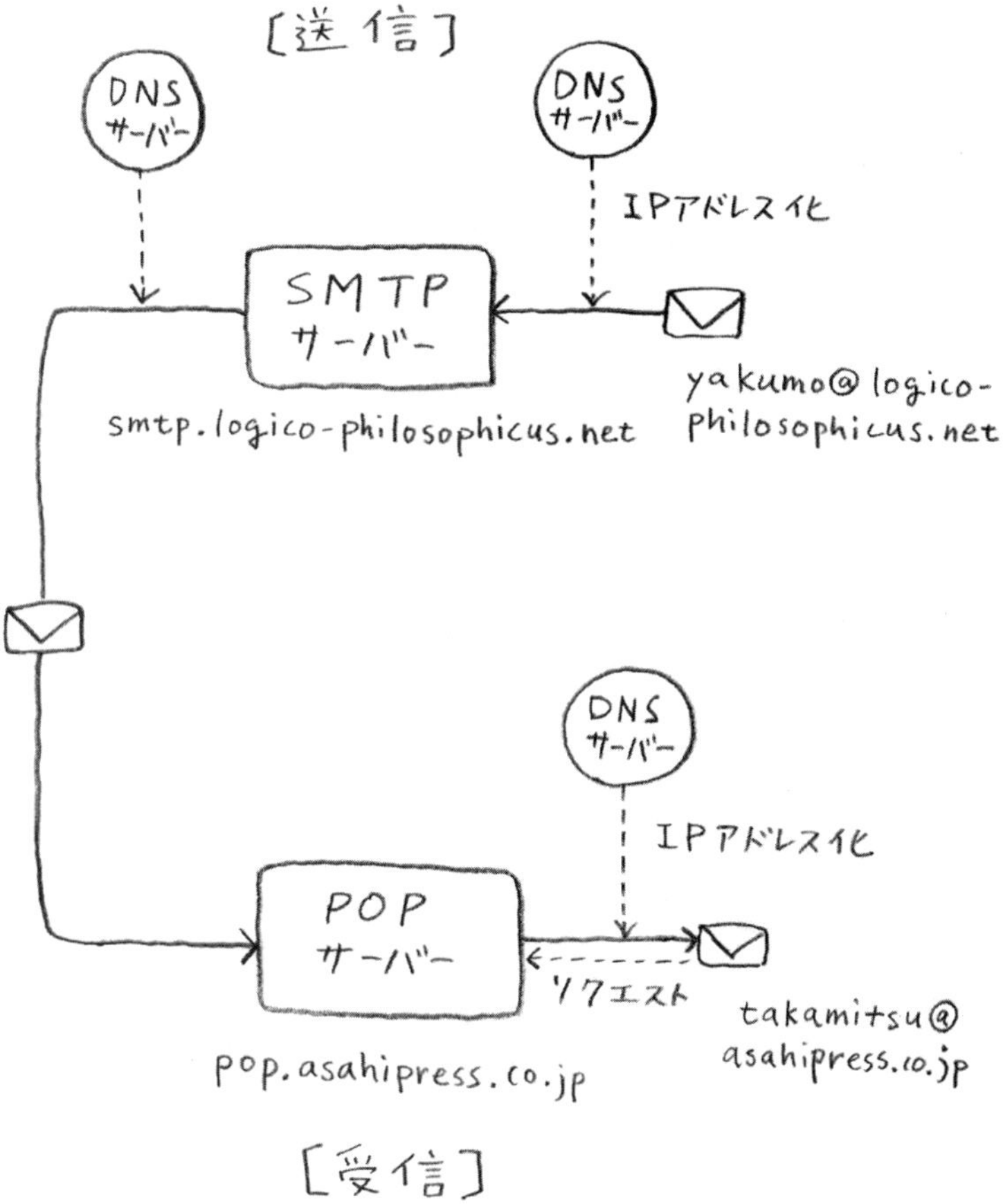

図-37 メールの送信から受信まで

Q&A インターネットとメールの仕組み
みんなの質問

その1「ウェブサイトはどのように表示されるのですか？」

——ブラウザーでウェブサイトを見るときは、URLというアドレスみたいな文字の並びを使いますが、これはどういう仕組みですか。

電子メールのからくりと基本は一緒です。

まず、ウェブページの閲覧は、要するに複数のコンピュータの間で、記憶領域の中身をコピーすることなのです。ウェブの場合は、インターネットのウェブサーバーから、自分のパソコンに、各種データをダウンロードして、画面に表示する。

あのURLというのは、電子メールで言えばメールアドレスと似たような働

きをしている。例えば、

http://www.logico-philosophicus.net

というウェブサイトのＵＲＬがあるとする。ちなみにＵＲＬというのは、Uniform Resource Locator の略称。「統一資源位置指定子」と、すごい訳語が当てられることもあるみたい。Uniform というのは、「同じ基準の」という感じかな。コンピュータで Resource というと、テキストやグラフィックや音などのデータ類、ファイルや、コンピュータを指す。Locator は、位置を示すものということですね。

要するに、「基準にそった形でデータ類が置かれた場所を指すもの」。ＵＲＬは、ウェブページが置いてあるサーバーのＩＰアドレスと、そのどこに目的のデータが置いてあるかを示しています。

実はこれ、話はウェブに限らない。行頭にある http というところを mailto とすれば、メールの話にもなる。

いまはウェブに限って言うと、こんなふうに処理されることになる。みなさんが、自分のコンピュータでブラウザー（ウェブサイト閲覧ソフト）を起動する。それで、見たいウェブサイトのＵＲＬを入力する。

このＵＲＬというのは、例によって人間にわかりやすくするための文字列なので、ＤＮＳにお願いしてＩＰアドレスに変換してもらう。そうすると、そのＩＰアドレスのコンピュータとデータのやりとりができるようになる。そこからＨＴＭＬファイルや画像ファイルが、自分のコンピュータに送られてくる。

ＨＴＭＬファイルというのは、Hyper Text Markup Languageといって、ブラウザーの画面に、文字や画像を並べたり、そのとき文字に書体や色や大きさの装飾をしたりするための簡易言語のこと。

ここでは詳しく説明しないけど、一度ブラウザーにどこかのウェブサイトを表示した状態で、ブラウザーのメニューから「ソースを見る」というのを選んでみて。ブラウザーで見ている画面の正体を確認できます。

ともあれ、ウェブサーバーから送られてきたデータを、ＨＴＭＬファイルに書かれている指示に従って、表示したり、音を流したりするという流れです。応用としては実に多様な要素があるけど、基本はそれだけのことなのですね。

その2「Googleはどうやって検索しているんですか？」

――いまやネットで調べ物をしようと思ったら、Google の検索は欠かせないものになっていると思います。いつも不思議なんですが、Google はどうして検索ボタンを押した瞬間に、厖大《ぼうだい》な数の結果を表示できるのでしょうか。

インターネットを使い始めた頃、検索エンジンがここまで発展するとは思いませんでした。Google のサイトが１９９８年に公開されたときの印象はよく覚えています。いま以上になんにも表示されてなくて、確かロゴと検索語を入力するフォームと検索ボタンくらいだったと思う。

当時検索といえば、Yahoo! のようなディレクトリ型があった。これは、要するに人力です。サーファーと呼ばれる人たちが、毎日ネットの海を泳いで、発見した有益なサイトを、ディレクトリに分類して提示するスタイルですね。人間が価値判断してるから、すでに厖大な情報の海と化していたインターネットで、参照すべきサイトを見つけるのにうってつけだった。

他方で、Google は、人力じゃなくて、機械の力で検索する。なぜ応答が速いかというと、あらかじめ検索してあるから。

――え、その場で検索してるんじゃないんですか？

世界中のウェブサイトをその場で検索してたら、おそらく数秒どころかしばらく応答がないんじゃないかな。その代わり、日頃からクローラー（crawler）、「はいまわるもの」と呼ばれるプログラムが、あちこちのウェブサイトを巡回してはデータを収集してるのです。そして、集めたデータを分析して、「もしこの語で検索されたら、この結果を出そう」という索引《インデックス》を作っている。

このときなにを基《もと》にして分析しているかが大きな問題です。なにしろ、Googleで検索をかけると、1秒にも満たない時間で、検索語によっては数万とか数百万の結果が出てくる。また、結果をどういう順序で並べるかが、とっても重要になる。なぜなら、ユーザーにとって大事なことは、なるべく役立つ情報に辿りつくことだから。例えば、「朝日出版社」で検索したのに、「朝日新聞出版」が先に出たら脱力しちゃいますよね。

――あ、はい（笑）。

そのためには、結果をただ並べるだけではダメで、役立つ結果になるように、なんらかの順位づけをする必要がある。実際にどうしているのか、確たることはわからないんだけど、かつてよく言われていたのは、ページランキングという仕組み。簡単に言うと、他のウェブサイトから参照されている、リンクが貼られている数が多いサイトは、有益である可能性が高いという見立てです。もっとも、それだと、重要でもないサイトなのに、自作自演でどんどんサイトをいっぱい作って、相互にリンクを貼りまくるというような手が使えてしまう。馬鹿みたいなんだけど、一時期ほんとにそういうサイトが山ほどあって、いい迷惑だった。さすがにそんなことで検索結果の表示順位が上がってはしょうがないので、Google側はいろいろな指標で、重みづけをしているみたい。

——重み、ですか。

つまり、関連度が高いサイトからのリンクは、価値が高いことにして、そうでないものは低いことにするといった考え方。一時期は、ブログに書かれた言葉が、検索結果の上位に出ることもあった。いまなら、まずはWikipediaの関連項目が上位に出るとかです。私も毎日のように検索にはお世話になってるけど、ときどきこの検索結果の並び方が変わったように感じることがある。

Googleは、検索エンジンの中で、いまや利用者がダントツです。２０１０年3月のアメリカ国内での検索エンジン・シェアで、65・7％という数字を見たことがある（ニールセンカンパニーの調査結果）。日本でもGoogleで検索することを「ぐぐる」いう言葉ができてるくらい。ともかく影響力は大きい。

それだけに、一企業の検索結果の出し方に、地球上の情報利用が縛《しば》られていいのかといった議論もある。ただの検索エンジンだと思っていたものが、いまや巨大なメディアになったわけです。ユーザーとしては、自分が使ってる道具が、どういう条件で稼働しているのかということには、関心を持っておいたほうがいいと思います。手前ミソになるけど、そのためにも、この本で話してきたようなコンピュータ理解は必須というわけです。

あとがき

コンピュータのことを考えるたびに、ふたつの言葉を思い出します。

――学術による世界の合理的な把握と、それを利用した予測や技術によって、世界は脱魔術化する。

――充分に発達した科学技術は、魔法と見分けがつかない。

ひとつめの文章は、ドイツの社会学者マックス・ウェーバーが『職業としての学問』(1919年)の中で述べていることを、要約したものです。

かつて人間は、さまざまな迷信を信じ、神々や魑魅魍魎《ちみもうりょう》を畏《おそ》れ、不可解な現象を「魔術」の名の下に理解していた。それに対して、科学技術が進展すると、世界で生じるさまざまな出来事や現象は、どんどん予測できる形で理解され、技術として活用されていく。つまり、近現代の社会は、魔術的な世界観から脱してきたというわけです。

例えば、電気が生活の中で当たり前に使われるようになり、ロウソクやガスの光は電灯に置き換えられ、闇とともにあった妖怪たちは追い払われました。つい100年ちょっと前に書かれた明治人の日記を読むと、日没とともに辺りが暗くなって、読書しようと思えば、菜種油で灯火を掲げるほかはない、そんな生活が垣間見えます。また、当時の新聞を見ると、いまよりも怪異現象がたくさん報じられていたようです。

以後、20世紀を通じて、高度な内燃機関を搭載した移動手段、電波を利用した遠隔地域間のコミュニケーション、テレビ、洗濯機、電子レンジといった家電、さらにはコンピュータや携帯電話の大量生産と普及が進んで現在に至ります。人によっては、生まれたときからパソコンやケータイが身の回りにあって、それがなかった時代なんて信じられないと感じる人もいるでしょう。

こうした科学技術の発展は、人間を含む宇宙や世界について、つぎつぎと未知を既知へと換えてきました。そして、世界の合理的な理解とその技術への応用は、いまもなお進展しています。

ふたつめの文章は、『2001年宇宙の旅』（1968年）や『幼年期の終わり』（1953年）をはじめ、多数のSF小説の作者として知られるアーサー・C・クラークの言葉です。もし目の前に、科学技術の結晶であるような装置があって、使う人がその仕組みをまるで理解できないとしたら、その人にとって、それはかつて魔法と呼ばれていたものと変わらないというわけです。

もし過去の時代から誰かを連れてきて、コンピュータを見せたら、画面につぎつぎと現れる画像や文字を見て、魔法の業《わざ》だと思うかもしれません。逆に、マーク・トウェインの愉快な小説『アーサー王宮廷のヤンキー』（1889年）で、自動車工がアーサー王時代にタイムスリップするように、現代人がパソコンを手にしたまま300年前の世界へ行ったら、と空想してみてもよいでしょう。あるいは、ライプニッツのような、知的好奇心が旺盛で、なんでも知りたいという人がコンピュータを見たら、喜んでその仕組みの解明に乗り出すかもしれません。やがてこれを理解し尽くした後で、いくつかの改良案さえ出しそうな気がします（もちろん、勝手な想像ですが）。

では、コンピュータを当たり前に使っている現代人にとって、コンピュータは、からくりのわかっている道具でしょうか。それとも、なにがなにやらよくわからないけれど、ともかく便利な（でも、ときどき調子が悪くなって困る）魔法の箱でしょうか。

もし後者であれば、その人にとってコンピュータとは、科学技術の高度化の果てに、再び魔術化したなにものかだと言えそうです。実際、私の周りにも、コンピュータというものは、下手に触ると壊れてしまうのではないか、とおそるおそる付き合っている人もいますが、無理もありません。ときどき唐突におかしくなることもあれば、OSがなんだか怖い警告メッセージを表示することもあります。なぜそんなことが起きてしまうのか、どこまでが自分のせいなのかと思うと、困り果てます。

私たちは、おそらくいつも、ウェーバーが言う脱魔術化と、クラークが言う魔術化の間にいるのでしょう。コンピュータに限って言えば、問題は、この融通無碍《ゆうずうむげ》で便利な道具と、どう付き合っていくかということです。つまり、従来の道具と同じように、とりあえず使えればいいのであれば、わざわざ仕組みを知る必要はありません。

例えば、テレビがどうしてテレビジョン（tele-vision）、つまり遠隔的に（tele）、映像（vision）を受信して表示するのかだなんてわからなくても、テレビの使い方さえ知っていれば困ることはない、魔術のままで構わないわけです。では、コンピュータは、それと同じ接し方でいいのかどうか。

ちょっと考えてみると、コンピュータは、テレビや電子レンジと同列では済まないことが見えてきます。第一、コンピュータは、決まった使い方のない道具です。それだけに、使い手の一人ひとりが、なにをしたいかという目的によって、実にさまざまな使い方をします。そういう意味では、コンピュータは他のどんな道具よりも、使う人の欲望やその個性を映し出す鏡のようなものだと言ってよいでしょう。

例えば、他の人とメールのやりとりをすることに使っている人なら、そのコンピュータのハードディスクには、たくさんのメールが蓄積されています。美術が好きな人であれば、世界中のウェブから集めた画像のコレクションがあるかもしれません。音楽、映像、文章でも同じことが言えますね。そうしたものを自分で作り出す道具として活用している人もいれば、会計や物理計算の道具、あるいは、そうした道具となるソフトウェアを作っている人もいるでしょう。

こんな想像をしてみたことはありませんか。世界中の人々のパソコンの記憶領域、ハードディスクの中身を覗《のぞ》いたら、そこにはどんな世界が広がっているだろう、と。おそらく、そこに記憶されているデータには、ふたつとして同じものがないはずです。これは、ふたりとしてまったく同じ記憶、つまり脳の来歴と状態、を持っている人がいないであろうことと似ています。面白いことには、お互いにまったく異なる記憶を持った人々が、お互いにまったく異なる記憶を持ったコンピュータを使って、それでも毎日のようにやりとりをしているということです。

もちろん人によって、コンピュータと接する度合いは違います。自分ではまったく使わない人から、これがないと話にならない人までさまざまです。たとえ自分で使うことはないとしても、いまや社会にはコンピュータが溢《あふ》れています。例えば、交通機関や通信技術、あるいは官民を問わず各種企業や施設などでコンピュータが利用されています。それだけに、コンピュータを所有していないとしても、知らず識らずのうちにその恩恵を被《こうむ》っていることがあるでしょう。

こんなことを長々と述べてきたのは他でもありません。いまやコンピュータが、無視しえない道具であること、用途が限定された他の道具とは異なることを、改めて意識してみたいと思ったのでした。

しかも、私たちは、はじめはいくらか懐疑的に、しかしやがてそうするのが当たり前のように、この道具にさまざまな情報を委《ゆだ》ねています。例えば、ネットを通じて買い物するとき、クレジットカード番号を入力するのに躊躇《ちゅうちょ》したり、フィッシングなどによって情報が悪用されはしまいかと心配したことがあるかもしれません。私も、はじめてAmazon.comで買い物をするとき、ちょっと心配になりました。しかし、いまではそれは気軽に「注文」ボタンをクリックしています。

あるいは、クラウド・コンピューティング、つまり、自分の手元にあるパソコンだけでなく、ネットワークでつながった他のコンピュータを、あたかも自分のコンピュータの一部であるかのように活用する技術が普及し始めた頃のことを、考えてみてもよいでしょう。いまではごく普通に使われていますが、ウェブメールやウェブストレージ（storage＝物置）のようなサービスには、少し警戒心があったものです。

なぜって、誰かとの私的なやりとりが書かれた電子メールが、自分の手元にあるならまだしも、ウェブ上の、場所も知らないようなどこかのサーバーのハードディスクに保存されているなんて、気味の悪いことに思えたからです。

ちょっと大袈裟《おおげさ》に言えば、自分だけのヒミツを、公《おおやけ》の場所に置いているような居心地の悪さですね。もっとも、本篇で話したように、普通の電子メールだって、自分と相手の間を、いくつものコンピュータの中継によって送り届けているのだから、一時的であれそのメールは、よそのコンピュータの記憶領域に保存されているわけですが。

ところがどうでしょう。ここでも人間は抜群の適応能力を発揮しています。いまでは、そんな心配もどこ吹く風で、大きなデータをウェブ上のストレージサービス、つまりハードディスクの一時貸しに預けたり、見知らぬサーバーにあるGoogleカレンダーに予定を書き込んだりしています。

言わばここまで骨絡みで使っている道具について、本当に魔法の箱のままにしておいていいだろうか。これが、本書に取り組んだときに懐《いだ》いていた問題意識でした。また、いまこの文章をお読みくださっているあなたも、おそらくコンピュータというものが気になっているからこそ、具体的な使い方、ハウトゥとは違う角度からコンピュータを眺めようというこの本を手にされているのだと思います。

そこで本書では、「コンピュータとは一体なにをしている道具なのか」ということと同時に、「私たちはどんなふうにこの道具を使っているのか」ということを相互に関連させながら話をしています。これは多くのコンピュータ解説書とは異なる取り組み方です。

従来の解説書では、たいていの場合、道具としてのコンピュータのメカニズム、からくりそのものに注目して、その仕組みを解説します。でも実は、それはコンピュータとはなんぞやというイメージをすでに持っている人にこそ、有効な解説なのです。まだ理解という点ではコンピュータの門前にいて、コンピュータってなんなのかということをぼんやりとイメージしている人にとって、そうしたメカニズムの解説は、なかなか頭に入ってきません。

というのは、第1章で述べたように、私自身、かつてそんなふうにコンピュータを解説して失敗した経験から痛感したことでもあります。

だから、本書ではできるだけコンピュータを使っているときの実感を手放さないように気をつけました。それと同時に、だからといって中途半端な喩《たと》え話のようなものでお茶を濁《にご》してしまうことにも注意したつもりです。やはりそうはいっても、なにがどうなっているのかということを徹底的に見届けてしまわないことには、「やっぱり魔法の箱だった」という話になりかねないからです。この試みが果たして成功したかどうかは、お読みくださるみなさんのご判断によるしかありません。でも、もしこの講義を辿《たど》りながら一緒に考えてみて、「なんだ、そんなことだったのか。早く言ってよ」と思っていただけたら幸いです。

おそらくそのとき、みなさんの頭の中には、どこにも謎めいたところのないコンピュータの姿が思い浮かぶでしょう。

つまり、言ってしまえば、コンピュータとは、0か1かというスイッチのような2進数を記録する記憶領域を駆使した装置です。この記憶の内容（データ）をどんな装置に向けて送り出すかで、映像や音やネットの通信などを実現しており、他方では、この記憶に対してキーボードやマウスでなんらかの入力をしているわけです。こうした装置全体を、予《あらかじ》め与えられている命令に従って制御するCPUがあり、人間は自分がしたいことや用途に応じて、この装置全体を一定の手順に沿って動かしている。

ここにはどこにも魔術めいたものはありません。

もしこんなふうにコンピュータを見ることができたら、その先にはさらに興味深い話が待っています。

記憶を駆使するコンピュータは、果たして人間のような知性を持てるのか。人工知能の問題は、哲学や科学を巻き込んで、20世紀後半に議論百出したテーマです。

そこで焦点となった難問のひとつが、「フレーム問題」と言われるものでした。これは、人間のように知識（記憶）を使って物事を推論したり、理解するには、ただ厖大《ぼうだい》な知識を記憶に蓄えるだけではダメで、状況や文脈に応じて、適切な枠組み（frame）を設定する必要があるという問題です。

ところが、この枠組みを設定することが、コンピュータには至難の業《わざ》なのです。人間の間では「空気を読む」だなんて言われたりもしますが、文脈をわきまえて、物事を適切に理解したり、対処することは、けっこう大変なことだということが、人工知能の研究から浮かび上がったのでした。

例えば、こんな状況を思い浮かべてみてください。家にいるロボットにカフカの『城』を渡して、「この本をしまっておいて」と命令する。ところが、受け取ったロボットは、その本を自分の物入れに入れてしまった。

「馬鹿だなあ、元あった場所に戻すんだよ」と命令し直したところ、今度はしばらくして、「無理です」と言う。ロボットは、家の書棚……ご主人がこれを買ってきた書店……取次……倉庫……出版社……コンピュータの中……と、この本が元あった場所の検索を続け、とうとうその場所が当の作家のカフカの頭の中、あるいはその先にあるドイツ語という言語だという知識に照らしたのです。

「そうじゃないよ。家の書棚の元あった場所だよ」と言うと、ロボットはようやく書棚に行きますが、そこで動きを止めてしまいます。『城』が置かれていた位置には、すでに別の本（カルヴィーノの『宿命の交《まじ》わる城』）が置かれています。ロボットは一カ所に複数のものを同時に置けないことを知っていたのです（しかしカルヴィーノの隣は空いていたのでした）。

　人間なら、ごく適当かつ気軽に「この辺に置いておくよ」と言って済ませてしまいますね。でも、人間は、このとき関連するたくさんの知識に適切な枠をはめて、参照する知識を絞《しぼ》っているわけです。機械が翻訳できるかどうかという問題も、このことに深く関係しています。なにしろ翻訳に必要なことは、文字通り文脈を読み取りながら、そこに書かれている言葉の意味を正しく把握することですから。

例えば、小説中である人物が「あなたは本当にバカね」と言ったとする。この意味は、いろいろな場合が考えられます。文字通り罵《ば》倒《とう》しているのか、からかって挑発しているのか、呆《あき》れているのか、むしろ愛情表現なのか、などなど。

本書でコンピュータにできることとできないことの境目がわかった人であれば、以上のような問題を、記憶の操作――コンピュータの専門家はこのことも含めて「計算」とか「演算」と言うわけですが――で実現できるかと読み替えられるでしょう。

あるいは、本書ではむしろ触れずにおいた話のひとつに、チューリング・マシンがあります。コンピュータの基礎を築いたひとりである、イングランドの数学者アラン・チューリングは、コンピュータのモデルを示しながら、その装置にできることとできないことの境目がどこにあるかを数学的に論じているのです。

また、現在私たちは、Mac のハードで Windows を動かしたり、Windows マシンでファミコンや古い時代のパソコンを動かしたりしています。これをエミュレーション（emulation ＝真似る）と言いますが、こうしたこともすでにチューリングが検討していたことでもあります。


科学の先端で起きていることに関心がある人なら、量子《りょうし》コンピュータやDNAコンピュータといった試みについて聞いたことがあるかもしれません。現状のコンピュータとは異なる素材、素粒《そりゅう》子《し》やDNAを使ってコンピュータを実現してしまおうというとても野心的な目論見《もくろみ》です。コンピュータのハードを素粒子やDNAにすると、現在私たちが使っているシリコン・ベースのコンピュータとはなにが違ってくるのかという点が、おおいに興味あるところです。

量子コンピュータでは、「1ビット」という0か1かの記憶の代わりに、素粒子の状態の違いを使った「1キュービット」（量子ビット）という別の記憶の仕方を採用します。これは、同時に記憶できるデータ量を飛躍的に増やせる技術です。なにしろ素粒子ですから、とても省スペースになることも特徴です。いまよりさらに小さく、そして厖大なデータを処理できるコンピュータの実現を目指すべく、研究が重ねられており、すでに本も多数出版されています。

あるいは、DNAコンピュータであれば、DNAを構成する4種の分子を素子《そし》として、その結合の仕方によって記憶を操作するわけです。

こんなふうに、まさに科学技術の発展に応じて、コンピュータそのものも、仕組みや姿を変えていくでしょう。しかし、本書で検討したようなコンピュータ理解を持っていれば、いま大まかに述べてみたことからおわかりのように、新しい技術もけっして突飛で理解しがたいものではなくなります。

一度自分にインストールすれば——と、コンピュータの喩えを使うことをお許しください——表面的な変化に惑わされず、多少ソフトやハードが変化したとしても、それが再び魔術に見えてしまうようなことはない。そんな胆力《たんりょく》のある、肝の据《す》わった理解こそが、長い目で見て有効だと思います。

これはコンピュータに限ったことではありませんが、もし現代をよりよく生きる知恵というものがあるとしたら、どんどん変化する現状に棹《さお》さしながらも、その変化の底にあって、さまざまな変化を可能にしているものを知ることではないかと思うのです。言えば口《くち》幅《はば》ったくなるばかりですが、そんなことを考えながら、この本を書いてみました。

さて、以上でほんとうに講義はおしまいです。

この講義の前後で、コンピュータの見方がちょっぴりでも変化したら幸いです。なかには「あのことも知りたかったのに」と思うようなこともいろいろあるに違いありません。私としても、コンピュータについて書いてみたいことは山ほどあるけれど、ここまで述べてきたような狙《ねら》いを第一の目標として、取り上げることを絞ってみました。

でも、変な言い方になりますが、本書での理解を手にした読者なら、多少込み入っていたり、難しそうに見えるコンピュータ書にも向かうことができると思います。そうしたさまざまな解説や新しい技術に遭遇して、「あれ？　どういうことかな？」と戸惑うことがあったら、ぜひ本書で考えたような地点まで戻ってみてください。実を言えば、そんなふうにコンピュータを眺めることができるようになれば、個々の細かい知識はどうにでもなってしまうものです。

最後になりましたが、謝辞を述べたいと思います。本書を作る上でたくさんの方のお世話になりました。Kindle や iPad の登場で、電子出版をめぐる環境が何度目かの動きを見せている昨今、書物を作り上げる上で、編集という仕事が不可欠の要素であることを、改めて感じています。

ゲームにかかわる仕事やプログラミングなどをしていると、しばしば「電子側」の人間だと思われることがあります。しかし、私は従来の紙の書物も、電子書籍も、ともに必要だと考えています。両者は同じものであると同時に、やはり異なるものだからです。紙や古いものへのノスタルジーといったことを一切排したとしても、一定の厚みをもった物質の塊《かたまり》としての書物を手放すわけにはいきません。

ごく簡単に言えば、書物や知がどのような物質に象《かたど》られているかということは、それを用いる人間の記憶のあり方に大きな影響を及ぼしていると思います。人間が長い年月をかけて開発してきた書物の形は、言わば読み手の記憶をさまざまに支持するものです。このことについては、かつて「物質と記憶のラプソーデイン——知のネットワークを組み替える」(『言語社会』第2号、一橋大学大学院言語社会研究科、2008年)という文章に記したことがあります。こうした問題に関心のある方は、参照していただければ幸いです。

一冊の書物は、著者だけの力で生み出されるものではありません。それは、さまざまな技術と経験が投入され、統合されてできあがる、一種のバンドワークの成果物でもあります。というわけで、本書のバンドメンバーを紹介しながら、謝辞を述べたいと思います。

まず、コンピュータという道具をいまのような形に作り上げるにあたって無数のアイディアと創意工夫を惜しみなく注いできた古今東西の先達に謝意を表したいと思います。小中学生という多感な時期にこの装置に出会わなかったら、ここまで深く付き合うことはなかったかもしれません。当時はまだ、わけもわからなかったはずのパソコンを買い与えてくれた両親にも、この場を借りて感謝したいと思います。

これまで、コンピュータに関する話や講義を聴いてくださったみなさん、とりわけ東京ネットウエイブの学生や卒業生のみなさんは、講義のつどこちらが思ってもいなかったような質問を投げかけて、考える機会を与えてくれました。問いこそが、よくものを考えさせてくれるということを、どれだけ教えられたかわかりません。

また、テーマを問わず、よき対話者となり、的確な示唆をくださる赤木昭夫先生には、長年にわたって、本書の基《もと》となったアイディアをめぐって何度もお話しさせていただき、たくさんのヒントを賜《たまわ》りました。

お気づきになったかもしれませんが、本書ではコンピュータに付き物と思われている「情報」という言葉をほとんど使っていません。それこそ、「情報科学」の領域では重要な役割を担う言葉ですが、単にデータや文字列と言えば済むようなものであることも少なくありません。情報という語の混用・混乱については、これを解きほぐした赤木先生の『反情報論』（岩波書店、2006年）をご覧いただければと思います。

さて、最初の著作『心脳問題』（吉川浩満との共著、朝日出版社、2004年）以来、お世話になっている朝日出版社の赤井茂樹さんには、今回もこのような場を与えていただいたばかりでなく、対話やメールやtwitterを通じて、この本をどんな形にしていったらよいか、どんな内容にすべきかという采配《さいはい》をふるっていただきました。そもそもこの書物は、赤井さんが構想しなければ書かれることがなかったものです。そういう意味では、赤井さんがこの書物のもうひとりの生みの親であります。

また、赤井さんとともに講義に参加してくださり、鋭い質問で筆者を困らせてくださった綾女欣伸さん（文中の図を描いてくれました）、編集実務においても、最後の最後までたくさんの疑問と示唆を提示しながら、それは濃《こま》やかなサポートをしてくださった大槻美和さんに心から感謝します。今回、はじめて話したことに基づいた書物作りに挑戦させていただきましたが、聞き手の存在が、いかに語り手の発話内容を大きく左右するかということを感じた次第です。この本が少しでもわかりやすくなっているとしたら、この3人のおかげです（不十分な点が筆者に帰されることは言うまでもありません）。

こみいった話を、見事に起稿してくださったOFFICE KOJIMAの小島朋美さん、そのたび真っ赤になる校正への加筆を大槻さんと共に処理してくださったDTPオペレータの濱井信作さんにも、大変お世話になりました。巻頭に引用したムナーリの言葉は、横須賀美術館で開催された「ブルーノ・ムナーリ展」の展示室壁面に掲げられていたおかげで出会うことができました。同館学芸員の立浪佐和子さんは、問い合わせに対して、ムナーリの言葉と出典を教えてくださいました。ありがとうございます。

物質としての書物に、すてきな佇《たたず》まいを与えてくださった牧野伊三夫さん、有山達也さん、中島美佳さんにもお礼を申しあげます。それこそどうしたらこのようなことができるのか、何度拝見しても「魔法」にしか見えません。物質としての書物は、紙に印刷し、折り、裁断し、束ね、運び、並べるといった工程を経て、書店に並びます。毎日のように書店に足を運ぶ身としては、こうした仕組みが維持・運営されていることに、感謝の念を懐《いだ》くとともに驚くばかりです（そのすべての過程において、何台のコンピュータが関わっていることでしょう！）。

そして、もちろん本書をお読みくださったあなたに、心より感謝します。機会があったら、またどこかでお目にかかりましょう。

山本貴光

追伸——おっと、忘れてしまうところでしたが、もうひとつ宿題が残っていましたね。computer という言葉を、なんと訳すか。ユーザーの希望に沿って変幻自在に変身・奉仕する万能執事《しつじ》器械とでも言いたいところですが、ここはやはり本書の検討を踏まえて、記憶見立《みたて》器械としておきましょう。なにを記憶させ、それをなにに見立てるかは、ユーザーの希望と接続する装置次第です。これから読まれる方は、なぜそうなのか、ぜひ本篇でご確認ください。

山本貴光（やまもと・たかみつ）

文筆家・ゲーム作家・起稿家・非常勤講師（東京ネットウエイブ、一橋大学大学院）。一九七一年生まれ。慶應義塾大学環境情報学部卒業。コーエーでのゲーム制作を経てフリーランス。「哲学の劇場」主宰。関心領域は書物、映画、ゲーム、原節子など。著書に『ゲームの教科書』（馬場保仁との共著、ちくまプリマー新書）、『デバッグではじめるCプログラミング』（翔泳社）、『問題がモンダイなのだ』（吉川浩満との共著、ちくまプリマー新書）、『心脳問題』（吉川浩満との共著、朝日出版社）など。共訳書にジョン・R・サール『MiND　心の哲学』（朝日出版社）がある。コーエーで企画者／プログラマーとして携わったゲームは『That's QT』『戦国無双』『三國志VII』ほか多数。

「作品メモランダム」（ブログ）　http://d.hatena.ne.jp/yakumoizuru/
「哲学の劇場」（吉川浩満との共同企画）　http://www.logico-philosophicus.net/
一九九七年開設。哲学・科学・芸術関連の書評、作家情報などを掲載。
Twitter　http://twitter.com/yakumoizuru

コンピュータ の ひみつ

二〇一〇年九月一五日　初版第一刷発行

著者――山本貴光
装画――牧野伊三夫
造本――有山達也＋中島美佳（アリヤマデザインストア）
DTP――濱井信作（compose）
図版制作――綾女欣伸（朝日出版社第二編集部）
編集担当――赤井茂樹＋大槻美和（朝日出版社第二編集部）

発行者――原 雅久
発行所――株式会社 朝日出版社
〒一〇一―〇〇六五 東京都千代田区西神田三―三―五
電　話 〇三―三二六三―三三二一
FAX 〇三―五二二六―九五九九
http://www.asahipress.com/

印刷・製本――図書印刷株式会社

ISBN978-4-255-00544-7 C0095

心脳問題 「脳の世紀」を生き抜く

山本貴光＋吉川浩満・著

脳がわかれば心がわかるか？　脳情報の氾濫、そのトリックをあばく。脳科学の急速な発展のなかで、正気を保つための常識と作法を示す、誰も教えてくれなかった「脳情報とのつきあいかた」。

石田英敬氏——「待ち望まれていた本質的な『知性の書』」

大澤真幸氏——「驚くような指摘／めくるめく展開」

茂木健一郎氏——「知的にはスカの現代だが、著者たちのようにbook keeping（参照し、位置づけること）の作業を続けることで、必ず展望は開けるだろう」

定価　本体二、一〇〇円＋税

MiND マインド　心の哲学

ジョン・R・サール・著／山本貴光＋吉川浩満・訳

哲学から心理学・生物学・脳科学に至るまで、多くの人の心をとらえて離さない最難問——「心とは何か」への、第一人者による魅惑的なイントロダクション。「心のはたらき」とはいかなるものか？　心と身体の関係はどうなっている？　私たちは外部の世界とどのようにしてつながっているのか？　「これまでの有名な説はすべて間違っている」——そう断じることから出発し、従来の主要な見解を次々論破、哲学的迷宮の出口をさぐる。

定価　本体一、八〇〇円＋税

文体練習

レーモン・クノー・著／朝比奈弘治・訳

『文体練習』がもつリズムと響きは、『フーガの技法』から生まれた。バッハの音楽を文学にしたら、きっとこんな作品になるに違いない。前人未到のことば遊び。ある日、バスの中で起こった他愛もない出来事が、99通りもの変奏によって変幻自在に書き分けられてゆく。20世紀フランス文学の急進的言語革命を率いたクノーによる究極の言語遊戯。

定価　本体三、三九八円＋税